Fig. 56
Fig. 57
Fig. 59
Fig. 60
Fig.
Fig. 90

Fig. 103
Fig. 111
Fig. 112

지동설과 코페르니쿠스

지동설과 *코페르니쿠스

오언 깅그리치·제임스 맥라클란 지음 ● 이무현 옮김

바다출판사

3 크라쿠프에서 보낸 대학 생활 38

코페르니쿠스는 크라쿠프 대학에서 예술 과정을 공부하기 시작했다. 이 시기에 그는 아리스토텔레스의 학문과 유클리드 기하학을 배웠다. 하지만 천문학만큼 그의 마음을 끄는 학문은 없었다. 그는 1496년 여름이 되자 바첸로데의 요구로 이탈리아 볼로냐 대학으로 가 교회법을 공부하기 시작했다. 외삼촌의 경제적인 도움을 받고 있는 코페르니쿠스로서는 자신이 공부할 학문에 대한 결정권이 거의 없었을 것이다.

학문 연구에 바친 이탈리아 시절 58 4

1496년 9월에 코페르니쿠스는 바첸로데의 추천으로 바르미아 가톨릭 대교구의 참사회 위원이 되었다. 이 시기에도 그는 여전히 볼로냐 대학 학생으로서 천문학 교수 집에 하숙하며, 천문학 지식을 넓히고 있었다. 코페르니쿠스가 프톨레마이오스의 천문학 모델을 바로잡기로 결심한 것도 이 즈음이다. 1503년에 코페르니쿠스는 교회법 박사 학위를 받는 것으로 이탈리아 유학을 마치고 폴란드로 돌아왔다.

코페르니쿠스는 바르미아 대주교인 외삼촌의 비서이자 주치의가 되었다. 이처럼 의사이자 성직자로서 바쁘게 지내면서도 그는 홀로 천문학 연구를 계속해 외행성들이 태양 둘레를 회전한다는 사실을 밝혀냈다. 또 행성이 태양에서 멀어질수록 회전하는 주기가 길어진다는 사실도 깨달았다. 1510년이 되자 코페르니쿠스는 바첸로데의 비서직을 그만두면서부터 여가 시간에 마음껏 천문학 연구에 매달릴 수 있게 되었다.

코페르니쿠스는 자신의 새로운 행성 배열 이론을 담은 『짧은 해설서』라는 책을 썼다. 이 책은 앞으로 30년 후에 출판하게 될 기념비적 저작인 『천체의 회전에 관하여』를 위한 준비서이기도 하다. 『천체의 회전에 관하여』는 그가 20년 이상의 세월을 바쳐 관측과 계산을 거듭해 얻은 결과물이다. 코페르니쿠스는 그런 결실을 얻기 위해 자신이 세운 천체 모델을 수십 번씩 검토하면서 열정을 쏟아 부었다.

 **성직자와 천문학자 134**

종교 개혁을 겪는 어려운 시절에도 코페르니쿠스의 천문학 관측은 계속되었다. 그는 프톨레마이오스의 이론을 수정하기 위해 행성들의 위치를 꾸준히 관찰하며 오랜 세월 끈기 있게 기다려야 했다. 그 결과 1529년 이후부터는 프톨레마이오스의 천문학을 완전히 뒤집어 놓을 저서 집필에 매달릴 수 있었다. 이때부터 성직자 코페르니쿠스는 천문학자로도 인정받기 시작했다.

천체의 회전에 관하여 164 

1539년에 레티쿠스가 코페르니쿠스의 제자로 들어왔다. 코페르니쿠스는 그의 도움을 받아 『천체의 회전에 관하여』를 마지막으로 검토하며 고쳐 썼다. 마침내 원고가 완성되자 레티쿠스는 이것을 독일로 가져가 책으로 출판했다. 이 책은 500부가 인쇄되어, 유럽 전역의 학자들과 도서관들의 열띤 반응을 얻었다.

우주에 대한 통찰이 깊어질수록

코페르니쿠스는 커다란 의문에 사로잡혔다.

2천 년이 넘게 천문학을 지배해 온

프톨레마이오스의 우주론이 과연 옳은 것일까?

정말 지구는 우주의 중심이고, 태양은 지구 주위를 도는 것일까?

코페르니쿠스는 정확한 관찰과 철저한 수학적 검증으로

낡은 이론의 오류를 파헤치기로 결심했다.

CAVRVS
CHORVS VEL IAPIX ET ARGESTES
CIRCVS VEL TRESIAS
SEPTENTRIO ET APARCTIAS
AQVILO
FAVONIVS ZEPHIRVS
EVROPA
mare glaciale
ASIA
LIBIA INTERIOR
AFRICA
Circulus equinoctialis
MARE INDICVM
ETHIOPIA INTERIOR
MARE
Grad latitudinis
Gradus longitudinis ab occidente
AFRICVS VEL LIBS
L AVTVS EVROAVSTER
AVSTER

넓어지는 세계

1

■ 중세의 독일 지도

1482년에 독일에서 인쇄된 세계 지도. 이 지도는 콜럼버스가 아메리카 대륙을 발견하기 10년 전, 당시 유럽인들이 세계 지리에 대해 가지고 있던 지식을 보여 준다. 당시의 지도 제작자들은 2세기의 천문학자이자 지리학자인 프톨레마이오스의 주장을 바탕으로 세계 지도를 그렸다.

크리스토퍼 콜럼버스

(1451~1506)

포르투갈의 항해가. 1492년에 스페인 이사벨 여왕의 후원으로 세 척의 선박을 이끌고 서쪽으로 항해해 아메리카 대륙을 발견했다. 그 덕분에 유럽 제국들은 엄청난 영토 확장과 부의 축적을 이룰 수 있었다.

안드레아스 코페르니쿠스

(1470~1518)

니콜라우스 코페르니쿠스의 형. 크라쿠프 대학, 볼로냐 대학에서 니콜라우스와 같이 공부했으며, 후에 바르미아 참사회 동료 위원으로 활동했다.

대학 강당은 사람들이 북적거리는 소리로 시끄러웠다. 1493년 가을 학기가 시작되는 날이었다. 크라쿠프에 있는 야기엘론 대학 학생들은 방학 동안 만나지 못했던 친구들과 인사를 나누고 있었다. 그들은 교수님이 오기 전까지 여기저기에서 웅성거리며 이야기를 나누느라 정신이 없었다.

어느새 비엔나에서 온 한 학생 주변에 커다란 무리가 형성되었다. 그 학생은 의자에 올라가 자기를 둘러싼 친구들을 향해 조그마한 책자를 흔들어 보였다. 그 책자에는 콜럼버스가 쓴 보고서가 담겨 있었다. 보고서의 내용은 콜럼버스 선장이 아프리카 근해의 카나리 군도를 떠나 33일간의 항해 끝에 아시아에 도착했다는 것이다. 과연 사실일까?

콜럼버스의 신대륙 발견

콜럼버스는 아시아 섬들의 원주민을 데리고 왔다. 인디언이라 불리는 그들은 아프리카 흑인들과 완전히 달랐다. 콜럼버스는 아시아에서 가져온 금과 향료도 보여 주면서 중국과 무역을 하면 엄청난 부자가 될 거라고 주장했다. 그런데 그가 데려온 원주민들은 아시아인들 같아 보이지 않았다. 그렇다면 대서양 서쪽을 가로질러 아시아로 가는 길목에 전혀 새로운 땅이 가로막고 있단 말인가?

북부 폴란드에서 온 안드레아스 코페르니쿠스와 니콜라우스 코페르니쿠스 형제도 학생들 무리에 합류했다. 그들은 이제 3년째 대학 생활을 보내기 위해 돌아온 참이었다.

비엔나에서 이상한 책자를 가지고 온 학생에게 질문이 쏟아졌다.

"콜럼버스는 33일 동안 얼마나 멀리 갔지?"

"4,500킬로미터 정도야."

"아시아가 유럽에 그렇게 가까이 있단 말이야?"

그때 다른 학생이 끼어들었다.

"콜럼버스가 배를 타고 유럽에서 아시아까지 가려면 얼마나 걸리는지 어떻게 알아냈을까? 스페인에서 들은 소문인데, 고대 학자들이 쓴 책에 나와 있대."

천 년 동안 천문학을 지배한 프톨레마이오스

콜럼버스가 참고한 가장 중요한 고대 자료는 알렉산드리아(현재 이집트 영토)의 프톨레마이오스가 천 몇 백 년 전에 쓴 『세계지』였다. 이 책은 당시에 알려져 있던 세계 여러 도시들의 위치가 나와 있는 세계 지도이다.

콜럼버스는 『세계지』의 내용과 중국에 갔다 온 여행자들의 이야기를 바탕으로 아시아가 대서양 서쪽으로 겨우 수천 킬로미터 떨어져 있을 거라고 생각했다. 그런데 이것은 실제 거리인 2만 킬로미터의 절반도 되지 않는 거리였다. 고대 지리학은 학자들이 생각했던 것만큼 정확하지가 않았던 것이다.

니콜라우스 코페르니쿠스는 이미 다른 책을 통해 프톨

이 작은 지구본 시계는 1510년 무렵에 폴란드 국왕이 야
기엘론 대학에 하사한 값비싼 선물이다. 남미 대륙이 등
장하는 최초의 예술품이기도 하다.

레마이오스를 접한 적이 있었다. 프톨레마이오스는 서기 150년 무렵 당시의 천문학을 집대성해『알마게스트』란 책을 썼다. 이 책은 이후 거의 1,400년 동안 유럽의 천문학을 지배했다.

『알마게스트』에는 언제라도 하늘의 별들과 행성들의 위치를 계산할 수 있는 체계가 제시되어 있었다. 이 체계는 지구를 중심으로 한 거대한 천구에 별들이 놓여 있고, 행성들은 지구와 별들 사이에서 여러 가지 원궤도를 그리며 돈다는 개념을 바탕으로 한 것이다.

코페르니쿠스가 접한 새로운 문화

코페르니쿠스 시대에 항해가들은 수평선에 대한 별들의 고도를 측정해 배의 위치를 알아냈다. 그때나 지금이나 점성술사들은 특정한 시간에 행성들의 위치를 알면, 그와 관련된 사람의 운명을 점칠 수 있다고 믿었다. 또 의사들은 '점성술로 운명을 점쳐 환자를 치료하기 위해' 천문학을 공부해야 했다.

콜럼버스가 신대륙을 발견한 후 몇 년이 지나자, 그가 탐험한 섬들이 아시아에 있지 않다는 사실이 밝혀졌다. 그 섬들은 유럽과 아시아 사이에 있는 거대한 대륙인 아메리카에 딸린 것들이었다. 이때부터 유럽에서 만드는 지구본과 지도에 아메리카 대륙의 윤곽이 등장하기 시작했다. 유럽의 강대국들은 새로이 발견한 대륙에서 부를 약탈하려고 다투어 탐험대를 보냈다. 이 시기에 코페르니쿠스는 새로와지는 세계관을 바탕으로 프톨레마이오스의 천문학을 바로잡는 일에 여가 시간의 전부를 쏟아 붓고 있었다.

1473년부터 1543년까지 코페르니쿠스의 70년 생애 동안, 세계를 바라보는 유럽의 시각은 크게 변했다. 1473년 무렵 대부분의 사람들은 뜨거운 태양열 때문에, 적도를 지나 남반구로 항해하는 것은 불가능하다고 생각했다. 그리고 거대한 대양이 유럽, 아프리카, 아시아를 둘러싸고 있기 때문에 아시아의 향료를 사러 가는 무역로는 육지길만이 가능하다고 믿었다. 그러나 1522년에 포르투갈의 탐험가 마젤란이 이끄는 탐험대가 지구를 일주하고 돌아옴으로써, 세계를 바라보는 새로운 눈이 열리게 되었다.

유럽의 대도시 주민들은 마젤란의 세계 일주 항해에 대해 곧 알게 되었다. 코페르니쿠스가 태어나기 불과 몇 년 전에 생겨난 인쇄 산업 덕분이었다. 새로운 인쇄 기계 덕분에 그림이 들어 있는 백과 사전, 달력, 기도서, 교과서 등이 저렴한 가격에 출판되기 시작했다.

코페르니쿠스는 1496년부터 1503년까지 이탈리아에서 공부했다. 당시는 예술과 문학이 활짝 꽃을 피운 르네상스 시대였다. 이 시기에는 라파엘로, 레오나르도 다빈치, 미켈란젤로와 같은 예술가들이 로마와 피렌체의 부유한 후원자들을 위해 그림을 그리고, 조각을 했다. 또 많은 학자들이 그리스 고전을 라틴어로 번역한 책들이 인쇄되어 유럽 전역에 퍼졌다.

마젤란(1480~1521)
포르투갈의 항해가. 1519년에 세 척의 선박을 이끌고 세계 일주 탐험에 나서, 남미를 돌아 태평양을 횡단했다. 마젤란 본인은 1521년에 필리핀에서 사망했다. 하지만 그가 이끌었던 탐험대 중 한 척의 배가 최초의 세계 일주 항해에 성공했다.

15세기 중엽의 작품인 『천지창조』에는 전통적인 지구 중심의 우주론이 드러나 있다. 한가운데 있는 것은 지구이며, 흙과 물이라는 원소들로 구성되어 있다. 지구를 둘러싸고 있는 것은 공기와 불이라는 원소들로 이루어진 천구이다. 그 바깥으로 달, 수성, 금성, 태양, 화성, 목성, 토성을 운반하는 투명한 껍질들이 차례차례 나온다. 신이 이 껍질들을 회전시키면, 태양과 행성들은 일주 회전 운동이라는 빠른 운동을 하게 된다.

콜럼버스의 신대륙 발견

콜럼버스가 역사적 항해를 한 지 2년 후에 그가 아메리
카 대륙을 발견하는 장면을 상상해 그린 그림이다. 범선
에 수많은 노를 그려 놓은 것은 실수이다.

변혁의 씨앗, 종교 개혁

가톨릭 수도사였던 마르틴 루터는 코페르니쿠스가 50세가 되기 전에 가톨릭 교회의 권위에 맞서 종교 개혁을 시작했다. 루터는 1517년에 독일의 대학 도시 비텐베르크의 교회 정문에다 95개 조항으로 된 토론장을 게시했다. 토론장의 내용은 오랜 세월 동안 부패해 온 교회의 관습을 비판하는 것이었다.

루터의 이 비판문은 인쇄 기술 덕분에 급속히 퍼져 나갔다. 이 글은 많은 사람들의 마음을 움직여 가난한 신도들에게 돈을 갈취하던 교회에 대한 격렬한 저항이 일어나게 했다.

당시 탐욕스러운 성직자들은 신도들에게 돈을 바치도록 강요했다. 또 신도들이 자신의 죄에 따라 연옥에서 머물러야 할 시간을 줄여 주는 면죄부를 만들어 돈을 받고 팔았다. 한편, 독일의 많은 왕들은 이 면죄부 때문에 백성들이 로마 교황청에 돈을 바친다는 사실에 분노했다. 결국 왕들도 교황에 대한 전통적인 충성심을 버리고 가톨릭 교회에 대한 반감을 드러내기 시작했다. 이 과정에서 새롭게 탄생한 것이 개신교이다.

그 후 100여 년 동안, 유럽의 여러 주들과 공국들은 영토와 종교적 권리를 지키거나 빼앗기 위해 전쟁을 계속했다. 그러는 사이에 가톨릭과 개신교 사이에는 새로운 종교적, 정치적 균형이 이루어지고 있었다.

마르틴 루터(1483~1546)
독일의 성직자. 면죄부 판매에 반대하여 독일 비텐베르크에서 종교 개혁 운동을 시작했다. 그의 종교 개혁 운동은 종교적으로는 물론이고 정치적으로도 커다란 영향을 끼쳐 유럽 여러 지역이 로마의 속박을 벗어나 민족주의 국가를 세우는 계기가 되었다. 그는 인간의 죄는 오직 그리스도로 말미암아 용서받을 수 있다고 보았다.

청교도

16세기 후반, 영국 국교회에 반항하여 생긴 개신교를 믿는 사람들. 칼뱅주의를 바탕으로 모든 오락을 죄악시하고 사치와 성직자의 권위를 배격했으며, 철저한 금욕주의를 부르짖었다.

격동기의 조용한 과학 혁명

코페르니쿠스가 활동한 때는 지리적 탐험과 종교적 변혁, 지식의 폭발로 활력이 넘치던 시대였다. 그는 프러시아에서 태어나고 죽었다. 프러시아는 폴란드의 영토로 발트해 남부 해안에 있었다. '프러시아' 라는 말은 북쪽으로 흘러가는 비스툴라 강 하구와 동쪽으로 흘러가는 네만 강 하구 사이의 발트해 동남부 해안을 차지한 슬라브 민족의 이름에서 나온 것이다.

코페르니쿠스의 시대에 폴란드 왕국은 동유럽에서 중요한 위치를 차지하고 있었다. 그런데 이 나라는 남부와 동부 국경선 근처의 이슬람교 국가인 터키 제국의 위협을 받고 있었다. 또 북부와 발트해 해안에서는 독일 게르만 기사단의 잦은 침입이 있었다.

코페르니쿠스가 태어나기 직전에, 프러시아 영토는 명목상으로 폴란드 왕의 지배 하에 놓이게 되었다. 그렇지만 게르만 기사단은 이 영토에 대한 그들의 영향력을 쉽게 양보하지 않았다. 그 결과, 코페르니쿠스의 생애에서 상당한 기간 동안 폴란드와 게르만 기사단 사이의 갈등은 계속되었다. 게다가 코페르니쿠스가 소속된 교구는 게르만 기사단이 탐내던 영토를 가지고 있었다. 따라서 성직자였던 코페르니쿠스는 기사단의 공격에 맞서 영토를 지키는 임무를 맡아야 했다.

코페르니쿠스가 살던 시대는 종교적으로나 정치적으로

게르만 기사단

독일 기사단, 혹은 튜튼 기사단이라고도 한다. 중동 지역에서 십자군 전쟁을 벌이기 위해 독일 기사들이 주축이 되어 만든 십자군 단체이다. 팔레스타인이 이슬람에 넘어간 후, 활동지를 동유럽으로 옮겨 이교도 민족을 물리치는 역할을 했다. 이교도 지방인 프로이센 지방을 개종시키기 위해 그곳에 정착하여 프로이센인들을 거의 전멸시켜 독일 농민들이 이곳에 정착하는 계기를 만들었다. 하지만 이들의 강력한 세력에 반감을 품은 폴란드와 리투아니아의 연합군에 패해 기사단장은 폴란드 왕의 신하가 되었다.

나 격동의 시기였다. 하지만 다행히도 폴란드 북부 가톨릭 교회의 성직자였던 코페르니쿠스의 일생은 비교적 평온했다. 그가 살았던 곳은 르네상스의 중심지에서 멀어 가톨릭과 개신교 사이의 격렬한 다툼에 휘말리지 않았기 때문이다.

하지만 과학자로서 코페르니쿠스의 삶은 결코 평범하지 않았다. 왜냐하면 그는 지구가 우주의 한가운데에 있다는 2천여 년 동안의 믿음에 도전장을 던진 사람이기 때문이다.

스스로도 말한 것처럼 '지구의 촌구석'에서 그리 유명하지 않은 성직자로 살았던 코페르니쿠스지만, 과학에서 이룬 업적만큼은 남달랐다. 그는 그때까지 우주의 중심에 있던 지구를 태양 주위를 공전하는 행성의 자리로 밀어 내는 혁명을 이루었다.

2

폴란드에서 보낸 학창 시절

■ **16세기 학교 교육**

16세기에 선생이 학생들을 가르치는 모습을 담은 목판화. 이 학교에는 남학생들만 있다. 코페르니쿠스가 살던 시대의 전형적인 모습이다.

니콜라우스 코페르니쿠스는 1473년 2월 19일에 사 남매 중 막내로 태어났다. 그가 태어난 토루인은 폴란드의 비스툴라 강변에 있는 번창한 도시였다. 그의 아버지는 부유한 상인으로, 원래는 크라쿠프에서 살다가 토루인으로 이사를 했다.

아버지는 40대 초반에 바바라 바첸로데와 결혼했다. 그녀는 토루인에서 유명한 상인의 딸이었다.

코페르니쿠스의 니콜라우스라는 이름은 아버지의 이름을 따른 것이다. 소년 시절 그의 이름은 '니클라스'였던 것 같다. 아마 어린 코페르니쿠스는 '니키'라는 애칭으로도 불렸을 것이다. 그리고 그가 토루인을 떠나 크라쿠프 대학에 들어가면서, 니클라스라는 이름이 '니콜라우스'가 되었을 것이다. 이것은 라틴어 철자법에 따른 것으로, 당시 대학은 라틴어를 주로 사용했다.

부유한 상인의 평범한 아들

코페르니쿠스가 성장한 토루인은 발트해에서 약 150킬로미터 남쪽에 있다. 1470년대에 그 지역 인구는 약 만 명이었고, 많은 상인들과 공장주들이 이곳에서 외국과 무역을 했다. 그들이 비스툴라 강을 통해 발트해로 보낸 옷감, 곡식, 목재들은 영국, 프랑스, 기타 서유럽의 여러 나라로 운송됐다. 코페르니쿠스는 부두의 활기찬 모습에 감동받으며 어린 시절을 보냈을 것이다.

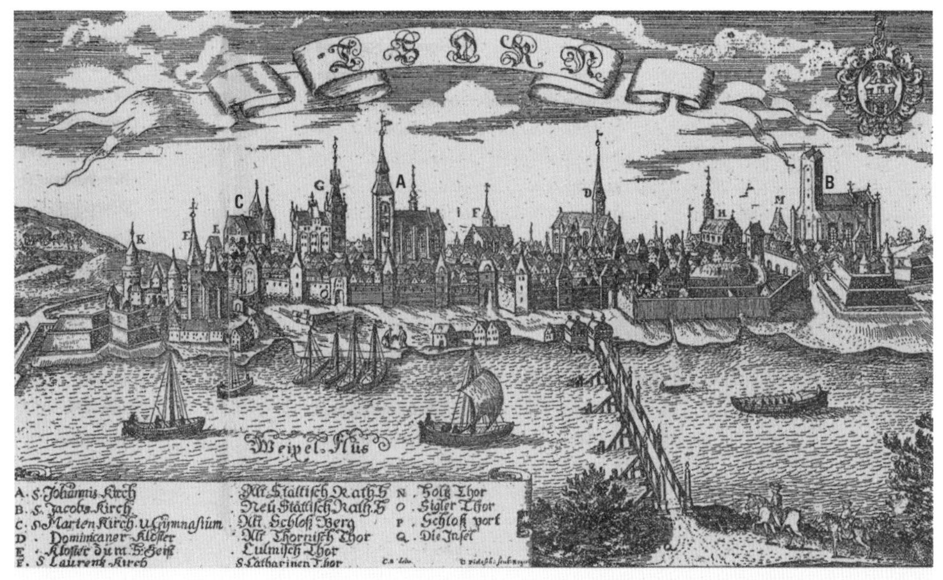

17세기 후반의 토루인

코페르니쿠스가 태어난 토루인의 모습이다. 1684년에 그린 그림으로 유유히 흐르는 비스툴라 강이 보인다. 14세기에 세운 성 요한 교회(A), 성 야곱 교회(B), 성모 마리아 교회(C)는 오늘날에도 굳건하게 서 있다.

코페르니쿠스의 생가

왼쪽에서 두 번째 건물이 니콜라우스 코페르니쿠스가 태
어난 생가이다. 정면에 멋진 장식이 되어 있는 이 건물은
폴란드 토루인에 있으며, 현재는 박물관으로 쓰인다.

토루인에는 어린 아이들이 자연과 역사를 탐험할 수 있는 장소가 몇 군데 있었다. 특히 비스툴라 강 가운데에 있는 섬은 숲이 우거져 야생 동물들이 넘쳐났고, 강에는 물고기가 가득했다. 이 외에도 코페르니쿠스가 태어나기 불과 20년 전에 토루인 사람들의 습격에 무너진 게르만 기사단의 성도 있었다. 폐허가 된 성에는 굴과 갈라진 틈새가 많아 소년들이 놀기에 알맞았다.

하지만 인생은 노는 것이 전부가 아니다. 어린 코페르니쿠스는 집에서 사용하는 독일어가 아닌 라틴어를 배워야 했다. 라틴어는 로마 제국이 남긴 유산이었으며, 당시 유럽의 국제어였다. 따라서 코페르니쿠스가 학교에서 주로 배우는 과목도 라틴어였다.

학교에서 수업을 듣고, 숲속에서 놀고, 교회에 다녀오면 어느새 기나긴 하루가 저물었다. 그러면 어린 코페르니쿠스는 촛불을 들고 좁은 계단을 올라가 조그마한 나무 침대에 몸을 맡겼다. 이것이 어린 시절 그의 일상 생활이었다.

슬라브 권력자와 게르만 기사단의 싸움

격동의 시대를 살았던 코페르니쿠스의 아버지는 정치적인 일들에도 적극 참여했다. 그가 가족과 함께 살던 토루인은 프러시아 영토의 남서쪽 구석에 있는 도시였다. 그런데 발트해 남동쪽 해안에 있는 프러시아는 1200년대에 이르기까지 이교도인 슬라브 부족의 영역이었다.

코페르니쿠스의 아버지

니콜라우스 코페르니쿠스의 아버지가 무릎 꿇고 기도드
리는 모습. 이것은 옛날의 그림을 17세기에 다시 베껴
그린 것이다. 이렇게 경건한 모습의 초상화가 있는 것을
보면, 코페르니쿠스 집안은 독실한 가톨릭 가문이었음
을 알 수 있다.

동유럽의 기독교 통치자들은 프러시아를 정복하기 위해 십자군 전사들을 초청했다. 그 전사들은 게르만 기사단 소속이었다. 그들은 전략적 요충지에 요새를 건설해 프러시아를 정복했고, 그 후 프러시아 사람들은 기독교로 개종했다. 이때부터 기사단은 200여 년 동안 프러시아를 지배했다.

남부에 있는 폴란드의 권력자들은 게르만 기사단이 프러시아 영토를 정복해 기독교로 개종시키는 것을 오랫동안 그대로 두었다. 그러나 1400년대 초에 등장한 강력한 지도자들은 게르만 기사단이 발트해로 통하는 길목을 통제하고 있는 것에 분개하기 시작했다. 뿐만 아니라, 프러시아의 상인들도 게르만 기사단 정부가 마음대로 권력을 휘두르는 데 반발했다.

폴란드는 몇 차례의 전투에서 승리를 거둔 후, 프러시아 서부 영토를 기사단에게서 빼앗아왔다. 이제 토루인에서 비스툴라 강 하구의 단스크를 통하여 발트해로 나아갈 수 있는 뱃길을 확보한 것이다.

폴란드와 프러시아 사이에는 40년에 걸친 불안한 평화 상태가 유지되었다. 그러다가 1454년에 다시 큰 싸움이 일어났다. 당시 코페르니쿠스의 아버지는 토루인의 다른 상인들과 연합해 폴란드 왕을 경제적으로 지원했다.

마침내 1466년에 폴란드는 다시 승리를 거두었다. 그리고 토루인 평화 조약이 체결됨에 따라 게르만 기사단의 대장은 폴란드 국왕 밑에 들어가 프러시아의 대공이라는 직

그룬왈다 전투

1410년에 폴란드 국왕 야기엘론 2세가 지휘하는 폴란
드, 리투아니아 연합군은 그룬왈다 전투에서 게르만 기
사단을 물리쳤다. 이 전투는 당시 유럽 역사상 가장 끔
찍한 전투로, 하루에 4만 명 이상의 병사들이 전사했다.

함을 받았다. 하지만 그로부터 몇 년 후, 기사단이 쌓은 성의 잔해에서 뛰놀던 어린 코페르니쿠스가 어른이 되자 기사단은 다시 프러시아를 지배하려 했다.

밤하늘을 관찰하는 소년

토루인의 기후는 쌀쌀한 편이었다. 여름 최고 기온이 25도를 넘는 경우가 거의 없었다. 하지만 겨울에도 기온이 영하 10도 이하로 내려가는 경우는 드물었다. 겨울철 석 달 정도는 비스툴라 강이 얼어 붙는 날이 많았다. 비와 눈은 그리 자주 오지 않았지만, 습도는 비교적 높았고, 하늘은 자주 구름으로 뒤덮였다.

토루인의 위치는 북위 53도로, 북위 37.3도인 서울에 비해 1,750킬로미터나 더 북쪽에 있다. 그렇기 때문에 12월이 되면 소년 코페르니쿠스는 오후 4시 전에 해가 지는 것을 볼 수 있었다. 정오에도 해는 고도 15도 정도에 불과한 높이에 떠 남쪽 하늘에 낮게 걸려 있었다. 또 낮의 길이가 8시간 미만이었기 때문에 코페르니쿠스는 캄캄할 때 일어나 캄캄할 때 잠자리에 들었다. 당연히 밤하늘을 볼 수 있는 시간도 많았다.

코페르니쿠스는 겨울철 맑은 날이면, 칠흑같이 어두운 밤하늘에서 작은 다이아몬드처럼 빛나는 무수히 많은 별들을 보았을 것이다. 그것은 공해로 대기가 오염되고 수많은 인공 불빛이 시야를 어지럽히는 오늘날의 도시에서는 도저히 볼 수 없는 광경이다. 그러나 500년 전에 밤하늘을 관찰하던 사람들은 맑은 하늘을 배경으로 빛나는 별들이 그려 낸 멋진 그림을 볼 수 있었다. 밤이 되면 하늘 위에는 오리온자리, 큰곰자리와 같은 수십 개의 별자리들이 펼쳐졌다.

코페르니쿠스는 이런 별자리들을 꾸준히 관찰하다가 별자리 모습이 일정한 모양을 유지하고 있다는 사실을 알았을 것이다. 이 별자리들은 낮에 태양이 움직이는 것과 거의 같은 속력으로 하늘을 가로질러 회전하고 있다. 예를 들어 북두칠성은 6시간 동안 90도 만큼 회전한다.

코페르니쿠스가 보기에 모든 별자리 체계는 지구의 중심과 북극성을 잇는 가공의 직선을 축으로 하여, 하루에 한 바퀴씩 회전하는 것처럼 보였다. 그런데 북극성만큼은 북쪽 지평선 위 고도 약 53도에 거의 고정되어 있었다. 하지만 태양은 고도가 날마다 조금씩 바뀌었다. 12월에는 고도 15도에 있던 태양이 6월말에는 고도 60도에 있었다. 결국 코페르니쿠스는 태양이 별들을 배경으로 지구(그리고 별들의 천구)의 적도로부터 23.5도 기운 평면에서 궤도를 그리며 운행함을 알게 되었다. 그런데 그리스 천문학자들은 코페르니쿠스보다 2천여 년이나 앞서 태양, 별, 행성들이 일정한 궤도를 따라 회전한다는 것을 알고 있었다.

코페르니쿠스 시대에 많은 사람들은 행성들의 운동이 사람의 일상 생활에 커다란 영향을 끼친다고 믿었다. 교회가 점성술을 거부했지만, 점성술은 사람들 사이에서 여전

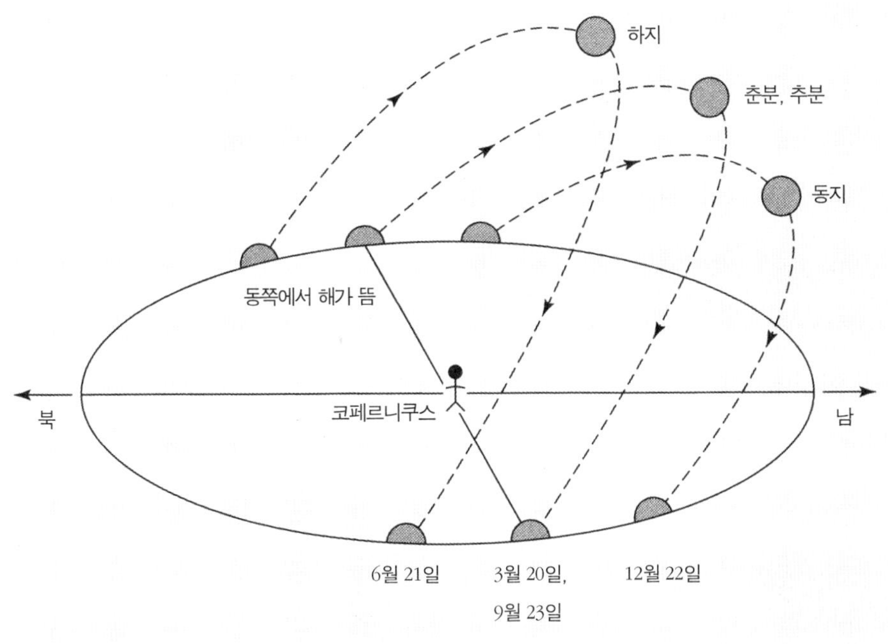

태양이 지나가는 길

북부 폴란드의 위도에서 보았을 때, 태양이 하늘을 가로
질러 지나가는 길을 점선으로 나타냈다. 일 년 중 중요
한 시기인 하지, 동지, 춘분, 추분일 때의 궤적이다.

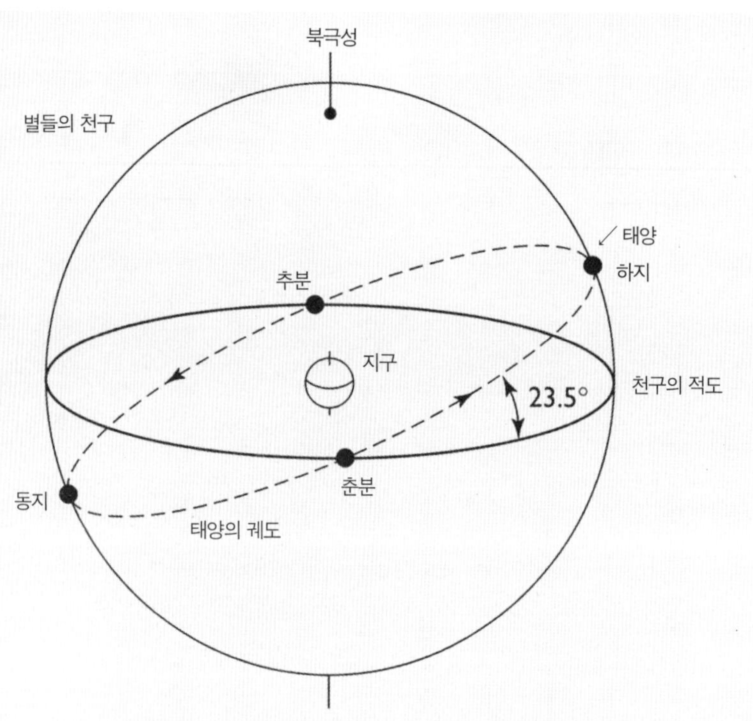

중세 사람들이 상상한 지구 중심의 우주

코페르니쿠스가 학창 시절에 배운 지구 중심의 우주론
에 따르면, 지구는 우주의 중심에 고정되어 있다. 별들
의 천구는 지구를 중심으로 하루에 한 번 회전한다. 태
양은 비스듬한 궤도를 따라 천천히 움직여 일 년에 한
번 회전한다.

히 인기였다. 어떤 사람들은 점성술을 제대로 공부하기 위해 천문학을 연구하기도 했다. 그러나 코페르니쿠스가 천문학에 관심을 가지게 된 것이 점성술 때문이라는 증거는 없다.

아버지의 죽음과 외삼촌의 도움

코페르니쿠스의 아버지는 그가 열 살 때 돌아가셨다. 당시 이미 어른이 된 큰누나는 수녀가 되었고, 작은 누나는 상인과 결혼했다. 아직 학교를 다니고 있던 코페르니쿠스 형제는 아버지의 죽음으로 대학에 다닐 수 있을지가 불확실해졌다. 그런데 다행스럽게도 외삼촌 루카스 바첸로데가 이들을 도와주었다.

바첸로데는 당시 서른 여섯 살이었다. 그는 두 개의 가톨릭 교구 운영 위원회 위원이었다. 가톨릭 대교구의 참사회라 불렸던 운영 위원회가 맡은 일은 각 교구의 경제적인 업무였다. 특히 교회가 소유한 상당한 규모의 토지를 임대해 주고 임대료를 받는 것이 이들의 중요한 일이었다. 운영 위원들은 약간의 종교적 의무도 지니고 있었다. 하지만 이들이 반드시 성직자여야만 하는 것은 아니었다.

바첸로데는 야심만만한 인물이었으며, 교회에서 승진하기를 원했다. 그는 조카 코페르니쿠스가 자신의 야심을 이루는 데 도움이 되리라 생각했다. 그래서 코페르니쿠스를

루카스 바첸로데
(1447~1512)
니콜라우스 코페르니쿠스의 외삼촌. 부유한 상인 가문 출신이며, 이탈리아 볼로냐 대학에서 교회법을 공부했다. 교회에서 능력을 발휘해 바르미아의 대주교가 되었으며, 코페르니쿠스의 든든한 후원자였다.

돌보면서 학업을 마칠 수 있도록 도와주었다. 어린 코페르니쿠스는 학교에 다니면서 라틴어를 읽고 쓰는 능력이 향상되었고, 기본 산술을 배웠고, 그림을 그리는 기술도 나날이 좋아졌다. 물론 이런 기술들이 나중에 천문학 연구에 필요하리라고는 예상하지 못했을 것이다.

바첸로데는 마흔 두 살에 드디어 야망을 이루었다. 폴란드 국왕 카시미르 4세와 교황 이노첸트 8세의 동의를 얻어 바르미아의 대주교로 선출된 것이다. 바르미아는 토루인의 북동쪽에 있는 넓이 5천 평방킬로미터 정도의 영지였다. 그런데 이곳은 게르만 기사단의 통치 지역으로 둘러싸여 있었다.

바르미아의 가톨릭 교회는 발트해 해안의 도시 프롬보르크에 자리잡고 있었다. 그러나 대주교의 공관은 프롬보르크로부터 남동쪽으로 60킬로미터 떨어진 리츠바르크에 있었다.

바첸로데는 바르미아의 대주교로서 사실상 그곳을 다스리는 통치자였다. 그는 교회 성직자의 임명에도 상당한 영향력을 행사할 수 있었다. 이제 젊고 총명한 니콜라우스 코페르니쿠스가 외삼촌 바첸로데의 후계자가 될 수도 있는 상황이었다.

1491년 가을이 되자 바첸로데는 코페르니쿠스 형제를 크라쿠프의 야기엘론 대학에 등록시켰다. 이 학교는 바첸로데 자신이 25년 전에 다녔던 대학이었다. 코페르니쿠스는 외삼촌이 야심을 가지고 닦아 놓은 길을 굳건하게 걸어

갔다. 외삼촌이 적절한 때 뒤를 밀어 주고 스스로도 열심
히 노력한다면, 그는 대주교가 될 것이다.

CRACOVIA

크라쿠프에서 보낸 대학 생활 3

『뉘렘베르크 연대기』에 나오는 목판화. 성벽으로 둘러싸인 대학 도시인 크라쿠프에 야기엘론 왕의 거주지인 와웰 성이 높이 솟았고, 성벽 둘레로 비스툴라 강이 흐른다. 1493년에 출판된 『뉘렘베르크 연대기』는 인간사의 온갖 이야기를 담아 놓은 책으로, 유럽 몇몇 도시들의 역사를 기록해 놓았다.

토루인 남쪽으로 600킬로미터도 더 들어간 곳까지 비스툴라 강을 타고 배가 들어왔다. 코페르니쿠스는 화물선을 타고 사나흘 걸려 비스툴라 강 상류에 있는 크라쿠프에 닿았을 것이다.

크라쿠프는 당시 폴란드의 수도였다. 이 도시의 언덕 위로는 거대한 고딕 성당의 첨탑이 하늘을 찔렀다. 이곳은 국왕 카시미르 4세의 거처이기도 했다. 카시미르 4세의 아버지인 블라디슬라브 야기엘론 2세는 야기엘론 왕조의 창시자이다. 그는 거의 100여 년 전에 크라쿠프 대학에다 자신의 이름을 하사해 주었다.

대학생이 된 코페르니쿠스

크라쿠프는 토루인과 비교해 몇 배나 더 큰 도시였다. 도심에는 축구장 크기 네 배 정도의 시장이 있었다. 코페르니쿠스는 크라쿠프의 시가지를 둘러 보며 폴란드의 풍요로움과 활력을 느낄 수 있었다. 몇 년 전에 그의 아버지와 외삼촌들이 싸움에 참가한 것도 바로 이런 폴란드의 풍요로움을 지키기 위해서였다.

폴란드의 야기엘론 왕조는 강력했다. 이 왕조의 왕들은 힘으로 적을 눌렀다. 그러면서도 그들은 예술과 과학 분야를 지원해 폴란드의 문화가 프랑스나 이탈리아의 전통 문화와 맞먹을 정도가 되게 했다. 특히 크라쿠프 대학의 천문학 연구는 북유럽에서 최고 수준이었다.

크라쿠프 대학 내부

신학부 건물 안뜰은 크라쿠프 대학에서 가장 유서 깊은
곳이다. 코페르니쿠스는 1491년부터 1495년까지 크라
쿠프 대학을 다녔다.

1200년대 초에 생겨나기 시작한 여러 대학들은 젊은 남자들에게 신부, 의사, 법률가가 되기 위한 교육을 시켰다.(여자들이 대학에 입학할 수 있게 된 것은 1900년 무렵부터였다.) 1400년대 말이 되자 유럽 전역의 큰 도시들에 수십여 개의 대학들이 생겨났다.

대학들의 교육 과정은 모두 비슷했다. 십대 후반에 대학에 입학하면, 우선 4년 동안 일반적인 학문과 예술을 공부해야 했다. 그 후 일부 학생들은 신학, 의학, 법률 중에서 한 분야를 택해 여러 해 동안 더 공부했다. 그런데 대부분 학생들은 4년으로 공부를 마치고 선생이 되었다.

니콜라우스 코페르니쿠스는 크라쿠프 대학에서 예술 과정을 공부하기 시작했다. 그의 동기생은 350명이었으며, 그 중 약 150명은 외국인이었다. 외국인은 대부분 폴란드 남부와 서부의 독일 영토 출신이었다. 크라쿠프 대학의 전체 학생 수는 약 1,500명이었으니, 오늘날의 기준으로 하나의 단과 대학 정도의 규모였다.

강의는 공용어인 라틴어로 진행되었고, 상당수 과목은 고대 그리스의 철학자인 아리스토텔레스가 쓴 책들을 읽으며 공부하는 것이었다. 이런 교과 과정은 그 후에도 150여 년 동안 거의 변함 없이 유지되었다.

아리스토텔레스는 코페르니쿠스가 살던 시대보다 1,800년이나 전에, 아테네에서 학원을 세워 제자들을 가르치기 시작했다. 그는 학생들을 가르치기 위해 지난 200여 년 동안 전해 내려온 그리스의 학문을 집대성하고 정리했다. 그

학적부

크라쿠프 대학의 학적부. 이 페이지 8번째 줄을 보면, '니콜라스의 아들인 니콜라우스' 코페르니쿠스가 1491~1492년 겨울 학기에 크라쿠프 대학에 등록했으며, 등록금 전액을 납부했다고 기록되어 있다.

리고 거기에다 스스로 연구한 내용도 많이 더했다. 따라서 그가 쓴 수많은 저서들은 그가 살던 시대에 알려진 모든 지식을 집대성한 백과 사전이라 할 수 있다.

아리스토텔레스는 그 모든 지식들을 밀접한 논리적 관계로 묶어 하나의 체계로 완성했다. 이 체계에서는 모든 지식들이 서로에게 의존하고 있다.

아리스토텔레스는 전체 우주를 연구하고 싶어 했다. 그런데 그가 어떤 분야를 연구할 때 사용한 전형적인 접근법은 일단 세 개의 범주로 나누는 것이다. 그는 우주에 대한 연구에서도 자연, 신, 인류라는 세 가지 범주를 구별했다.

자연의 범주에서 아리스토텔레스는 하늘, 땅, 동물, 구름, 번개, 기타 대기의 현상 등을 연구했다. 그에 따르면, 자연의 모든 사물들과 지구는 흙, 물, 공기, 불이라는 네 가지 원소로 구성되었다. 그런데 흙과 물은 무거워서 아래로 내려가려는 경향이 있다. 그에 비해 공기와 불은 가벼워서 위로 올라가려 한다.

아리스토텔레스는 달보다 더 위에 있는 하늘은 완벽하며, 영원히 변하지 않는다고 생각했다. 그리고 하늘, 또 하늘에 있는 태양, 별들, 행성들은 앞서 말한 네 가지 원소가 아닌 제5원소인 에테르로 이루어졌다고 주장했다. 또 에테르로 구성된 물체들은 원운동을 한다고 믿었다.

그러면 아리스토텔레스는 신에 대해 어떻게 생각했을까? 그에 따르면, 신은 전지전능한 능력을 지닌 완전히 영적인 존재다. 신은 우주에다 질서를 부여하고, 우주가 그

질서에 따라 움직이도록 관리한다. 반면에, 인간은 물질적인 요소와 영적인 요소가 섞여 이루어진 존재이다.

아리스토텔레스는 자연의 여러 가지 사물들을 설명하기 위해 식물 속에는 자라는 영혼이 있다고 주장했다. 그리고 동물 속에는 자라는 영혼과 운동의 영혼이 함께 있다고 믿었다. 인간의 경우에는 여기에다 이성의 영혼이 추가되고, 신은 순수한 이성만으로 이루어진 영혼이 된다.

아리스토텔레스가 주장한 이런 개념들은 코페르니쿠스가 크라쿠프에서 공부한 것들의 기본 바탕이 되었다. 그런데 고대 그리스 철학자의 저술들은 어떻게 그토록 오랜 세월 동안 후세 사람들에게 영향을 미칠 수 있었을까? 그것은 아리스토텔레스의 시대로부터 천 년이 지난 후까지도 지중해 동부의 여러 학교들이 그의 저술들을 연구했기 때문이다.

아랍 문화로까지 퍼져 나간 아리스토텔레스의 학문

아랍 문화는 마호메트가 창시한 종교인 이슬람교의 영향 아래 활짝 꽃을 피웠다. 그리고 서기 800년 무렵 아리스토텔레스의 저술들이 아랍 문화에 전해졌다. 당시 학문 발달의 중심 도시였던 바그다드에서는 아리스토텔레스의 저술들이 아랍어로 번역되기 시작했다. 그리고 이슬람교도들이 북아프리카와 스페인으로 진출하자, 아리스토텔레스의 저술들도 같이 퍼져 나갔다.

천문학을 가르치는 아리스토텔레스

13세기에 아랍 화가가 고대 그리스의 아리스토텔레스가
강의하는 모습을 상상하여 그린 그림. 아리스토텔레스
가 손에 들고 있는 것은 천체 관측 기구이다. 이 기구는
13세기의 아랍 천문학자들이 널리 사용하던 것이다. 아
리스토텔레스가 살았던 고대 그리스에서는 이 기구가
없었다. 따라서 아리스토텔레스가 이것을 들고 강의한
다는 것은 있을 수 없는 일이다. 어쨌든 그의 저서들은
아랍인들의 천문학 이해에 영향을 끼쳤다.

서기 천 년 이후 무렵부터, 이슬람 문화는 스페인에서 유럽의 라틴 문화와 접촉하게 되었다. 유럽은 500년 전 로마 제국이 붕괴된 이후부터 문화가 계속 쇠퇴하던 중이었다. 이 시대의 유럽인들은 스페인에서 접한 이슬람 문화를 통해 새로운 지식 체계를 배웠다.

그 후 200여 년 동안, 아랍어로 번역된 아리스토텔레스의 많은 저술들이 다시 라틴어로 번역되었다. 또 일부 저명한 학자들은 그리스어로 된 아리스토텔레스의 저술들을 라틴어로 번역했다. 그리고 이렇게 번역된 아리스토텔레스의 저술들은 당시 대학 교육의 기본 교재가 되었다.

유럽 대학의 교육 과정

유럽의 대학 교수들은 아리스토텔레스의 저술들을 분석하고 해설을 달았다. 코페르니쿠스는 이 해설서들을 공부하기도 했고, 동료들과 더불어 아리스토텔레스의 저술을 직접 읽기도 했다. 학생들은 이 외에도 수학, 천문학, 유클리드 기하학 등을 공부해야 했다.

유클리드는 BC300년 무렵 알렉산드리아(현재 이집트 영토)에서 활약한 수학자였다. 그가 저술한 『기하학 원론』은 1900년대 초에 이르기까지 교재로 사용되었다. 코페르니쿠스는 기하학을 공부함으로써 논리를 전개하는 훈련을 받을 수 있었다. 그리고 천문학을 연구하는 데 필요한 기술도 얻었다.

유클리드

(BC 325~BC 265)

고대 그리스의 수학자이다. 이전 수학자들의 연구를 집대성하여 『기하학 원론』을 완성했다. 이를 두고 일반적으로 '유클리드 기하학' 이라고 한다. '삼각형의 세 내각을 더하면 180도가 된다.' 는 정리는 유클리드 기하학을 대표하는 명제이다.

서기 150년 무렵에 살았던 고대 그리스의 천문학자 프톨레마이오스는 어느 시점에서 행성들의 위치를 계산할 수 있는 기하학적 모델을 고안한 사람이다. 바그다드의 학자들은 프톨레마이오스의 저술(점성술과 지리학에 대한)들을 아랍어로 번역했다. 그의 천문학 저서 『알마게스트』(아랍어로 '가장 위대하다'는 뜻이다.)는 아리스토텔레스의 저술들과 거의 같은 시기에 라틴어로 번역되었다.

그렇지만 대학 교수들은 기본 천문학 과목에서는 『알마게스트』보다 좀더 쉬운 책을 교재로 썼다. 흔히 사용된 교재는 1200년대 초에 영국의 수학자 사크로보스코가 쓴 『천구』라는 얇은 책이었다.

『천구』의 내용은 하늘과 지구의 형태나 사계절의 변화 등을 설명해 놓은 것이 거의 전부다. 코페르니쿠스도 크라쿠프에 온 첫해였던 1491년 겨울에 이 책으로 천문학을 배웠음이 확실하다.

본격적으로 기하학과 천문학을 배우다

그 해 겨울에 크라쿠프 대학은 유클리드 기하학 강좌도 개설했다. 이제 십대 후반이 된 코페르니쿠스는 일생을 바쳐 사랑하게 될 수학적 천문학에 발을 들여 놓았다. 그는 1482년에 처음으로 인쇄된 유클리드의 『기하학 원론』과 아랍어로 된 천문학 교재의 라틴어 번역본을 구해 읽었다.

『천구』의 해설서

사크로보스코가 쓴 『천구』의 해설서로 1522년에 출판된 것이다. 월계관을 쓰고 원고를 들고 있는 젊은 제자에게 천구의를 가진 스승이 천체의 운동을 설명하고 있다. 둘 중 한 명은 이 해설서를 쓴 매튜를 나타내는 것으로 보인다.

그 후 1493년 여름 학기에, 코페르니쿠스는 전통적인 행성 운동 이론을 수정한 책을 공부했다. 그런데 당시에 사용되던 모든 천문학 서적들처럼, 그 책도 행성들이 우주의 중심에 있는 지구의 둘레를 회전한다고 가정하고 있었다.

게오르그 푸르바흐는 1450년대에 비엔나에서 『새로운 행성 이론』이란 책을 쓴 사람이다. 그의 책에는 어떻게 하면 프톨레마이오스가 고안한 옛날 모델을 더 잘 맞게 할 수 있는지에 대한 새로운 내용이 담겨 있었다. 푸르바흐의 책은 여러 번 다시 인쇄될 정도로 인기를 끌었고, 유럽 전역에서 천문학에 대한 흥미를 불러일으켰다.

푸르바흐는 프톨레마이오스의 『알마게스트』를 새롭게 번역하는 작업을 하다가 안타깝게도 서른 여덟 살의 나이로 세상을 떠났다. 그러자 제자인 레지오몬타누스가 그 작업을 물려 받아 완성했다. 이 책은 코페르니쿠스에게는 매우 중요했다.

별자리로 점을 치려면, 행성 운행에 대한 표를 다루는 심화 과정을 배워야 했다. 그리고 이 과정을 배우면 별자리에 따른 행성들의 위치를 구할 수 있었다. 1493년 겨울 학기에 코페르니쿠스는 『간결한 표』를 교재로 사용한 천문학 강의를 들었다. 이것은 크라쿠프에서 특히 인기가 있었던 천문학 강의였다.

이 시기에 코페르니쿠스는 다른 두 개의 천문학 표들을 구한 뒤, 거기에다 나중에 기록을 할 수 있는 16장의 백지

게오르그 푸르바흐

(1423~1461)

독일의 수학자이자 천문학자. 사인표를 계산하여 만들었고, 『새로운 행성 이론』을 썼다.

노바라(1454~1504)

볼로냐 대학의 천문학 교수. 노바라는 레지오몬타누스에게 천문학을 배웠다. 코페르니쿠스를 하숙생으로 받아들여 제자 겸 동료 연구가로 키웠다. 1497년 3월 9일에 코페르니쿠스가 최초로 관측한 기록이 『천체의 회전에 관하여』에 등장하는데, 노바라는 그 관측에 참여했다.

를 덧붙여 한 권으로 만들었다. 그 중 하나는 『알폰소표』
로서, 베니스에서 1492년에 두 번째로 인쇄되어 나온 것
이다. 다른 하나는 레지오몬타누스가 1467년에 모아 정리
하여 독일 남부 아우그스부르크에서 1490년에 출판된 것
이다.

코페르니쿠스는 여러 장의 백지에다 푸르바흐가 만든
표의 일부분을 옮겨 적었다. 거기에는 일식과 월식이 일어
나는 시간과 위도가 표로 정리되어 있었다. 청년 코페르니
쿠스는 이런 작업을 하면서 점점 더 천문학에 깊이 빠져들
고 있었다.

학문의 길과 성직자의 길

코페르니쿠스는 크라쿠프 대학에서 예술 과정을 4년간
공부한 뒤 학위를 받지 않고 1495년에 대학을 떠났다. 선
생이 되려면 학위를 받아야 했지만, 코페르니쿠스는 외삼
촌이 다른 계획을 갖고 있으리라고 예상했다. 코페르니쿠
스는 외삼촌을 만나 장래에 대해 의논하려고 프롬보르크
로 떠났다. 만약 더 공부해야 한다면, 어떤 입학 시험이든
합격할 자신은 있었다.

니콜라우스 코페르니쿠스의 형인 안드레아스에 대해서
는 알려진 것이 그리 많지 않다. 안드레아스는 니콜라우스
보다 25년 먼저인 1518년에 사망했다. 태어난 것과 죽는
것은 형인 안드레아스가 먼저였지만, 인생의 다른 모든 일

에 대해서는 동생 니콜라우스가 앞섰다.

특히 외삼촌 바첸로데는 형인 안드레아스보다는 동생인 니콜라우스의 능력을 더 믿었던 것 같다. 크라쿠프 대학에 남은 이들 형제에 대한 기록을 보면, 니콜라우스는 등록금 전액을 납부했지만, 안드레아스는 그러지 않았다. 어쩌면 안드레아스는 등록을 하지 않고 청강생으로 지내기도 했던 것 같다.

니콜라우스는 1496년에 대학원에 등록했는데, 안드레아스는 2년 후에 등록했다. 안드레아스는 1499년에 '첼름노의 성직자'란 직함을 얻었는데, 이것은 니콜라우스가 이미 3년 전에 얻은 직함이었다. 물론 둘 다 바첸로데의 힘으로 임명된 것이었다.

1495년에 니콜라우스 코레르니쿠스가 프롬보르크에 도착한 직후, 바르미아 카톨릭 대교구 참사회 위원 중 한 명이 사망했다. 바첸로데는 그 빈 자리에 니콜라우스를 임명하려 했다. 그런데 당시 규정에 따르면, 임명에 대한 최종 승인은 홀수달에 바티칸에 내린 허락이 있어야 했다. 이처럼 바첸로데 대주교가 최종 결정권을 가진 것이 아니었기 때문에, 여러 달 동안 코페르니쿠스의 임명을 둘러싸고 논란이 계속되었다. 지금의 우리들로서는 그 이유가 무엇인지 알 수 없다. 다만 그에게 경쟁자가 있었으리라 추측해 볼 뿐이다.

결국 문제가 잘 해결되어 니콜라우스는 그 자리를 차지했고, 뒤이어 형인 안드레아스도 1501년 여름에 이 자리에 임명되었다.

참사회 위원에 임명된 1495년 당시 니콜라우스 코페르니쿠스는 스물 두 살이었다. 그는 이때까지도 어떤 직업을 택할지를 결정하지 못하고 있었다. 그런데 1496년 여름이 되자 바첸로데는 코페르니쿠스에게 그 다음 단계를 밟게 했다. 그 길은 바첸로데가 밟아나갔던 인생의 경로와 똑같은 것이었다. 이제 코페르니쿠스는 이탈리아 볼로냐 대학으로 가 교회법을 공부하게 되었다.

코페르니쿠스가 천문학을 공부하고 싶다는 마음을 외삼촌에게 내비쳤는지는 알 수 없다. 그러나 외삼촌이 경제적으로 뒷받침하고 있었던 만큼, 그에게는 자신이 공부할 학문에 대한 결정권이 거의 없었을 것이다. 어쨌든 그는 볼로냐로 떠날 때 소중한 천문학 표들도 잊지 않고 챙겼다.

코페르니쿠스 이전의 천문학

천문학 교재들 중에 가장 여러 종류의 판본으로 인쇄되어 나온 책은 약 800년 전에 사크로보스코가 쓴 책이다. 영국의 천문학자 존 오브 할리우드는 파리에서 활동하면서, 라틴어식 이름인 요하네스 사크로보스코라는 필명으로 천구에 관한 짧고 간단한 책을 썼다. 그 책의 이름은 『천구』로 250여 년 동안 필사본으로 전해 오다가 1476년에 최초로 인쇄되었다.

사크로보스코의 『천구』는 기본 교재로서 인기가 있었다. 하지만 이 책에는 행성들의 운동에 대한 설명이 거의 없다. 그래서 다음 세대인 13세기 중엽이 되자 좀더 발전된 교재인 캄파누스가 쓴 『행성의 도구』가 등장했다. 이 책은 프톨레마이오스의 이론이 어떻게 작동하는지를 간단한 역학적 방법으로 설명해 놓았다.

각각의 행성들을 관측해 보면, 이들은 항성들을 배경으로 동쪽으로 움직인다. 그러나 일 년에 한 번 정도 각각 다른 시기에 잠시 정지했다가, 몇 주 동안 서쪽으로 움직인다. 이런 현상을 '역행 운동'이라 부른다.

서기 150년 무렵 알렉산드리아의 천문학자 프톨레마이오스는 이런 역행 운동을 설명하기 위해 기하학적 모델을 제시했다. 그의 모델은 두 개의 원으로 구성되어 작은 원이 큰 원의 등에 업힌 모양이었다.

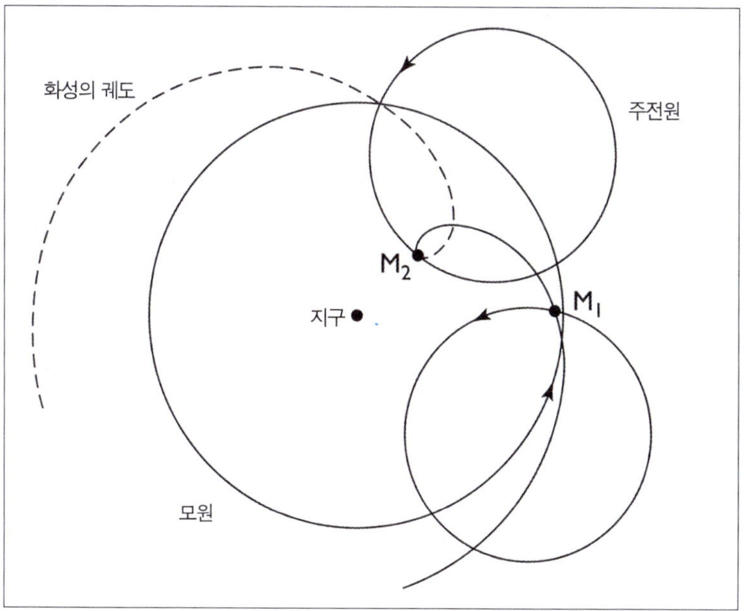

화성의 역행 운동

화성의 모원과 주전원을 비율에 맞게 그린 그림이다. 매듭 부분이 역행 운동을 하는 곳이다. 원래 주전원은 한 개이지만, 이 그림에서는 화성의 위치 이동을 나타내기 위해 두 개로 그려 놓았다. 화성은 M_1위치에서 M_2위치로 이동하는 것처럼 보인다.

큰 원은 지구를 중심으로 회전하는 '모원' 이다. 작은 원은 모원에 의해 운반되는 '주전원' 이다. 행성은 주전원에 의해 운반된다. 이 두 원운동을 결합함에 따라 행성이 모원 속으로 들어가 지구에 가장 가까워졌을 때, 하늘을 배경으로 하여 뒤로 움직이는 것처럼 보인다.

독일의 요하네스 구텐베르크가 1450년 무렵에 금속 활자를 사용한 인쇄술을 발명했다. 그 직후 비엔나 대학의 천문학 교수였던 게오르그 푸르바흐는 『행성의 도구』를 개선해 새로운 책을 썼다. 그 책의 제목은 『새로운 행성 이론』으로, 프톨레마이오스의 행성 모델을 새롭게 해석한 천문학 교재였다.

그런데 푸르바흐가 이 책에 소개한 새로운 아이디어가 중세에 인기를 끌었다. 그는 투명한 수정으로 된 틀로 프톨레마이오스의 모원과 주전원을 만들어 보려 했다. 즉, 우주의 구성과 운동을 실제 물질을 사용해 구체적으로 재현해 보려 한 것이다.

아리스토텔레스는 하늘 전체가 하루에 한 번 회전하는 것은 신의 사랑과 보살핌 덕분이라고 했다. 투명한 수정으로 된 천구들의 체계는, 가장 바깥에서부터 가장 안쪽의 중심에 있는 지구에 이르기까지, 서로 맞물려 돌아가는 우주의 움직임에 대한 개념을 제공해 주었다. 이 이론에 따르면, 항성들의 천구 너머에 있는 신이 모든 천체들이 시계처럼 움직이도록 힘을 가한다.

이러한 천체 구조는 기독교, 유대교, 이슬람교의 천지 창조 개념과 완벽하게 맞아떨어졌다. 따라서 이들 종교계의 강력한 지지를 받았다. 하지만 코페르니쿠스는 천체 구조에 대한 전통적인 믿음을 뒤집을 혁명적인 개념들을 생각하고 있었다.

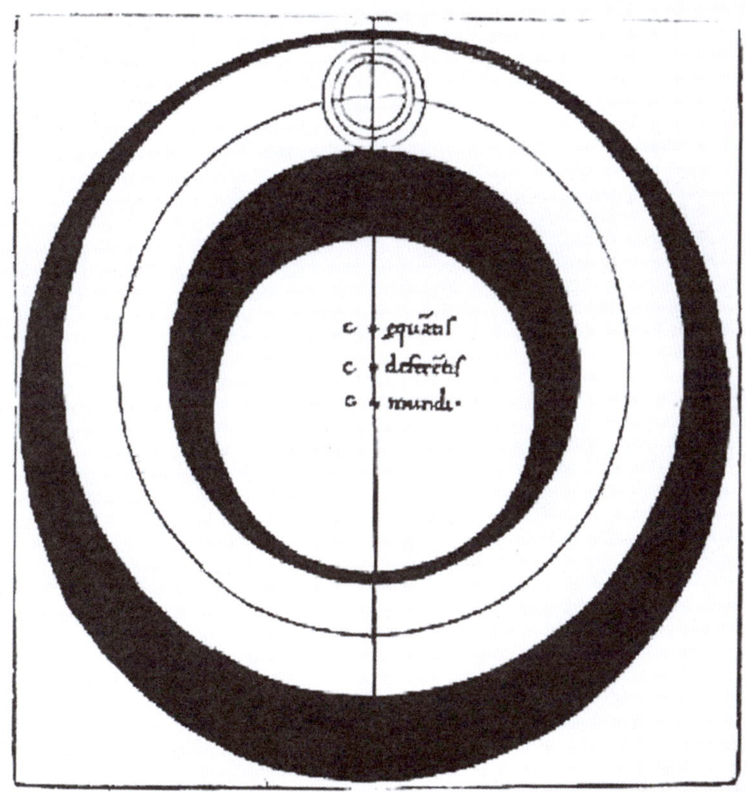

푸르바흐가 생각한 천구의 배열 구조

1473년 판 푸르바흐의 『새로운 행성 이론』에 나오는 그림이다. 행성들의 운동을 설명하기 위한 투명한 수정 천구의 배열 구조를 보여 준다. 이 그림에서 두 개의 검은 띠가 수정 천구이다. 수정 천구를 회전시키면, 그 안쪽의 주전원이 회전해, 행성을 운반하게 된다. 이 모델은 화성, 목성, 토성에 적용된다.

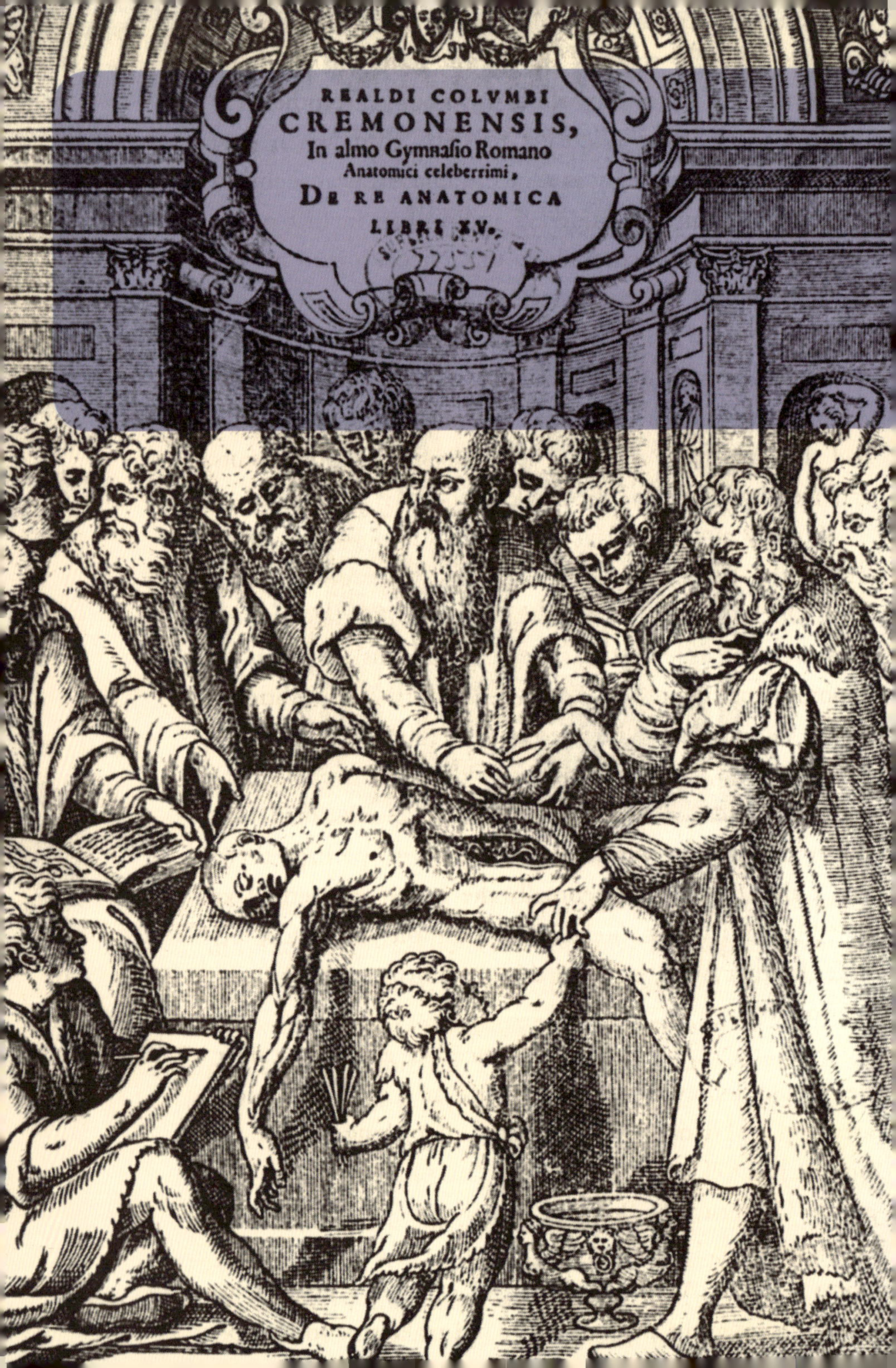

REALDI COLVMBI
CREMONENSIS,
In almo Gymnasio Romano
Anatomici celeberrimi,
DE RE ANATOMICA
LIBRI XV.

학문 연구에 바친
이탈리아 시절

4

시체 해부 실습 장면. 왼쪽에 있는 의학 교수가 교본을 읽고, 이발사가 교본의 내용에 따라 날카로운 칼로 해부하고 있다. 그리고 의대생들이 주위를 둘러싸고 지켜 보고 있다. 이 그림은 1559년에 베니스에서 출판된 해부학 교재의 표지에 실려 있다.

1496년 9월에 코페르니쿠스는 볼로냐를 향해 출발했다. 그는 토루인과 크라쿠프에 들러 친구들을 만난 다음, 비엔나에서 베니스까지 800킬로미터에 이르는 번잡한 짐마차 도로를 따라 여행했다. 베니스에서 110킬로미터 더 내려가면 볼로냐가 나왔다.

볼로냐는 고색창연한 도시였다. 고대 로마 시대에 이미 교통 중심지로 발전한 도시이기도 했다. 코페르니쿠스는 볼로냐를 둘러싼 성들, 수백 개의 탑들, 그리고 잘 포장된 도로에 감탄했다. 폴란드 도시들과는 사뭇 다른 모습이 신기하기만 했다.

볼로냐 유학이 시작되다

볼로냐 대학의 강의는 10월말 무렵에 시작됐다. 이곳의 교과 과정과 학교 운영 방침은 크라쿠프 대학과는 완전히 달랐다. 학생들은 어떤 모국어를 쓰느냐에 따라 그 모국어가 속한 '국가들'로 분류되었다. 코페르니쿠스는 독일 국가에 등록했다. 그런데 각 국가의 우두머리는 교직원이 아니라 학생이었다.

볼로냐 대학은 서기 1200년 이전에 설립되었지만, 대학 자체의 건물은 없었다. 대학은 학생들의 국가와 그들이 선택하여 고용하는 교수들로 구성되었다. 교수들은 각자 자신의 집에서 학생들을 가르쳤다. 볼로냐 대학의 법률 교육은 유럽에서 가장 뛰어났고, 학생 수는 크라쿠프 대학보다

15세기 볼로냐

코페르니쿠스는 볼로냐 대학에서 교회법을 공부했다. 15세기의 많은 도시들이 그렇듯이, 대학 도시인 볼로냐도 튼튼한 성벽으로 둘러싸여 있다. 이는 전쟁이 났을 때 도시를 보호하기 위한 것이다. 이 그림은 1493년에 출판된 『뉘렘베르크 연대기』에 들어 있다. 『뉘렘베르크 연대기』는 그림과 글을 성공적으로 결합해 출판한 최초의 책들 중의 하나였다. 이런 인쇄 기술은 후에 코페르니쿠스의 『천체의 회전에 관하여』를 출판하는 데 꼭 필요한 것이기도 했다.

두세 배 정도 많았다.

다행히도 볼로냐 대학의 강의 방식만큼은 코페르니쿠스에게 익숙한 것이었다. 교수(때에 따라서는 선배)가 교재를 읽고, 그것에 대해 설명을 했다. 법률 과정에서 사용하던 주 교재는 『판결문』이었다. 이것은 약 1150년 무렵부터 역대 교황들이 교회 관할권의 범위 내에서 권리와 의무에 대해 결정한 것들을 모아 정리한 것이다.

『판결문』의 내용은 다음과 같이 다섯 개의 영역으로 나뉘었다. 첫째 판사의 권한, 둘째 판결을 내리는 과정과 규정, 셋째 신부에서 교황에 이르는 성직자들이 성사를 행하고 재산을 보유하는 것에 대한 권리와 의무, 넷째 결혼에 관한 모든 법률과 규정, 다섯째 갖가지 범법 행위에 대한 처벌이었다. 그리고 이런 영역들에 대해 교회의 운영과 관련시켜 내린 판결들을 교회법이라 불렀다.

교회법은 일반적인 법률과는 달랐다. 일반적인 법률은 왕과 기타 통치자들, 그리고 지방 관원들이 집행하는 법률이었다. 어떤 법률가들은 두 종류의 법률 모두에 대해 면허장을 따기도 했다. 코페르니쿠스도 두 종류의 법률을 모두 공부했지만, 교회법을 좀더 집중적으로 공부했다.

교회법은 코페르니쿠스가 살던 시대에 특히 중요했다. 왜냐하면 당시 로마 교황은 교회와 관련된 일은 물론이고, 유럽 각국가들의 정치 문제에도 커다란 영향력을 행사했기 때문이다. 그리고 이 시대의 교회 성직자들은 절도, 살인 등의 일반적인 범죄를 저질렀을 경우에 교회법에 의해

서만 처벌받았다. 즉, 교회 성직자들은 일반적인 법에 대
해서는 면책 특권이 있었던 것이다.

코페르니쿠스는 공부를 마치고 바르미아로 돌아가 교회
의 관리가 될 예정이었다. 따라서 교회법에 집중해 공부할
필요가 있었다.

경제적인 독립을 꿈꾸다

코페르니쿠스는 외삼촌에게 학비와 생활비를 타쓰는 처
지였으므로 돈을 아껴야 했다. 게다가 볼로냐에서는 옷값,
하숙비, 여흥을 위한 비용 등 모든 생활비가 비쌌다. 다행
히도 코페르니쿠스가 바르미아의 가톨릭 대교구 참사회
위원이 되는 것을 반대하는 의견이 수그러들었다는 소식
이 들려왔다. 이제 그는 스스로 돈을 벌 수 있는 직업을 갖
게 된 것이다.

코페르니쿠스는 1497년 9월 20일에 공증인(서류의 유효
성을 보증해 주는 관리)을 찾아가 자신의 권리를 입증하는
서류를 만들었다. 공증인은 바르미아에 있는 두 명의 대리
인들이 코페르니쿠스를 대신해 그의 수입을 관리하도록
하는 서류를 작성했다. 서류의 내용은 다음과 같았다.

고 니콜라우스 코페르니쿠스의 아들인 니콜라우스는 바르미
아 참사회의 위원이자 볼로냐 대학 교회법 과정의 학생이다.
오늘 여기 공증인 앞에서, 니콜라우스의 대리인들에게 그를

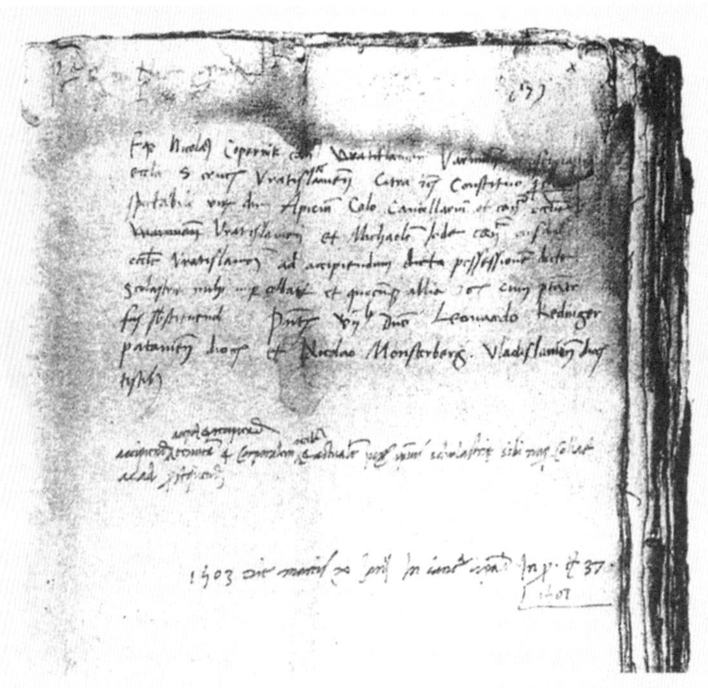

코페르니쿠스가 발급 받은 공증서

이 문서는 코페르니쿠스가 파도바의 공증인을 통해 작
성한 것이다. 그 당시 코페르니쿠스는 파도바 대학에서
의학을 공부하고 있었다. 그는 크라쿠프 북서쪽에 있는
도시인 로클로우의 교회로부터 봉급을 받기 위해 이 문
서를 작성했다. 1503년 1월 10일자로 작성된 이 문서는
코페르니쿠스가 서명한 최초의 문서이다.

위하여, 그가 참사회의 위원이 됨으로써 얻게 될 모든 부동산과 토지, 기타 모든 재산, 권리, 소유, 수입, 혜택을 그를 대신해 그의 이름으로 받고, 관리할 권리를 부여함을 공증한다.

이제 코페르니쿠스는 외삼촌의 주머니가 아닌 다른 곳에서 나오는 수입을 확보할 참이었다. 하지만 그는 자신의 경제 문제에 대해 스스로 결정을 내릴 수 있다는 사실이 기쁜 나머지 너무 조급하게 행동했다. 그가 참사회 위원이 되었다는 공식적인 임명장을 아직 받지 못했던 것이다. 임명장은 2주 후에 도착했다. 코페르니쿠스는 어쩔 수 없이 서류를 들고 공증인을 다시 찾아가 날짜를 바꾸었다. 공증인은 '9월 20일'이던 날짜를 지우고 '10월 10일'이라 적었다. 이제 완전히 합법적인 서류가 된 것이다.

코페르니쿠스가 이때 자신의 미래에 대해 어떤 생각을 하고 있었는지는 알 길이 없다. 어쨌든 그는 볼로냐에서 공부를 계속했다. 바르미아 참사회 위원으로서 수행해야 할 임무에서는 벗어나 있던 상태였다. 그의 형 안드레아스도 참사회 위원이 된 다음, 볼로냐 대학에서 잠시 동안 그와 같이 공부했다.

이들 형제는 1499년에 바르미아 참사회의 대표자를 설득해 1년 수입 전액을 앞당겨 받았다. 이제 그들은 학비나 생활비 걱정 없이 볼로냐의 대학 생활에 흠뻑 젖어들 수 있었다. 이 무렵, 코페르니쿠스는 천문학에 다시 매달릴 기회를 잡게 되었다.

넓고 깊은 천문학의 세계에 빠져 들다

1497년 초에 코페르니쿠스는 도메니초 마리아 다 노바라의 집에서 하숙을 했다. 사십대 초반의 노바라는 볼로냐 대학의 천문학 교수다. 코페르니쿠스는 노바라의 천문학 관측을 도우면서, 천문학에 대한 지식을 넓혀 갔다.

코페르니쿠스는 『알마게스트의 발췌본』을 구할 수 있었다. 1496년에 베니스에서 막 인쇄되어 나온 이 책은 프톨레마이오스의 천문학을 레지오몬타누스가 정리한 것이다. 코페르니쿠스는 이 책 덕분에 천문학 표를 만드는 데 사용되는 수학적 근본 원리를 더 깊이 알 수 있었다. 우선 그는 삼각형에서 세 변의 길이와 각들을 계산하는 데 필요한 삼각법을 공부해야 했다.

코페르니쿠스는 곧 행성의 궤도에 대한 프톨레마이오스의 모델이 아리스토텔레스가 정립해 놓은 원칙에서 많이 벗어나 있음을 깨달았다. 그렇다고 프톨레마이오스의 이론이 틀린 것은 아니었다. 그의 모델은 미래의 어느 시점에 행성들이 어디에 있을지를 잘 예측해 주었다.

고대 그리스의 철학자들은 하늘의 천체들이 완벽한 원을 그리며 영원히 움직인다고 생각했다. 왜냐하면 원운동은 시작도 없고 끝도 없으면서, 영원히 계속될 수 있기 때문이다. 그리고 원을 그리며 움직일 때에는 속력이 일정해 더 빨라지거나 느려지는 일이 없다고 생각했다. 완벽의 원칙이라 불리는 이런 모델에서는 원운동의 중심에 항상 지

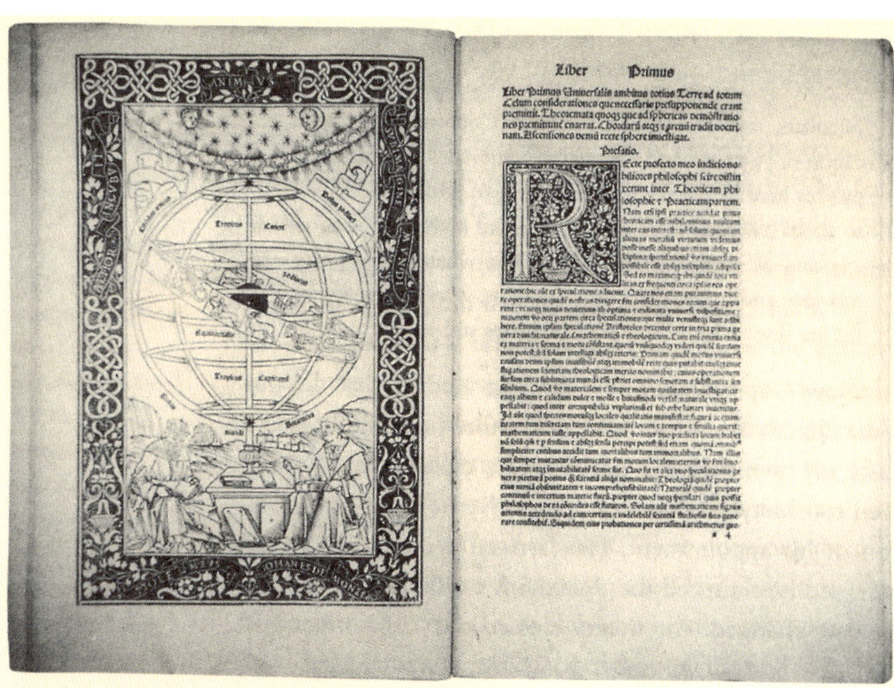

레지오몬타누스는 프톨레마이오스의 『알마게스트』를
축약해, 1496년에 『알마게스트의 발췌본』을 출판했다.
이 책은 지구를 중심으로 한 천문학을 자세하게 다룬 최
초의 책이다. 책의 앞부분에 들어 있는 정교한 그림에
프톨레마이오스(왼쪽)와 레지오몬타누스(오른쪽)가 등
장한다.

구를 놓아 두었다.

그러나 이런 이론적 요구를 실제로 만족시키기는 매우 어려웠다. 우선 태양의 궤도가 문제였다. 이 문제에 대해 생각해 본 적이 없는 사람들은 사계절의 길이가 서로 같아서, 각각 약 $91\frac{1}{4}$일이라고 말할 것이다. 그러나 프톨레마이오스의 시대보다 더 오래 전에 그리스 수학자들은 이미 계절의 길이가 서로 다르다는 깃을 알아차렸다.

봄(춘분부터 하지까지)은 $92\frac{3}{4}$일, 여름(하지부터 추분까지)은 $93\frac{3}{4}$일, 가을(추분부터 동지까지)은 $89\frac{3}{4}$일, 그리고 겨울(동지부터 춘분까지)은 89일이다. 그러니 겨울 동안 태양이 더 빨리 움직여서 겨울의 길이가 짧거나, 아니면 태양의 궤도원이 지구를 중심으로 하지 않기 때문에 겨울의 길이가 짧다는 추측이 가능해진다.

코페르니쿠스는 삼각법 기술을 배워 능숙해졌기에 프톨레마이오스가 사용한 설명 방법을 이해할 수 있었다. 프톨레마이오스의 이론에 따르면, 태양은 원궤도를 따라 일정한 속력으로 움직인다. 하지만 그 원의 중심은 지구의 중심과 일치하지 않았다. 그 원은 지구에서 태양까지 거리의 약 3.5퍼센트 정도 거리만큼 떨어진 곳에 놓여 있는 이심원이었다.

프톨레마이오스의 이론을 받아들이면, 태양은 이 이심원 궤도를 따라 매일 한 번 회전했다. 즉, 태양은 이 궤도를 따라 동쪽에서 뜨고, 하늘을 가로질러 움직여 서쪽으로 진다. 그리고 지구의 반대편을 가로질러 계속 움직여 다음

날 다시 동쪽에서 뜨게 된다. 과연 그럴까? 아니다. 프톨
레마이오스는 사실 태양이 이심원 궤도를 일 년에 한 번
회전하며, 이심원 궤도 자체가 지구 둘레를 하루에 한 번
회전하는 것으로 보았다. 이심원 궤도는 별들에 대하여 고
정된 상태로 있으며, 태양의 이심원 궤도, 행성들의 궤도
가 지구에 대하여 하루에 한 번 회전하는 것이다.

이심원 궤도로 태양의 운동을 설명하는 것은 비교적 간
단한 편이었다. 하지만 행성들의 궤도는 이보다 어려운 문
제였다. 예를 들어 화성의 운동은 너무 복잡해 프톨레마이
오스의 이심원 이론으로도 설명할 수 없었다. 프톨레마이
오스는 화성의 운동 속력이 변한다고 주장하면서 이 문제
를 해결하려고 했다.

코페르니쿠스는 이 문제에 매달려 계속 고민했다. 확실
히 화성의 겉보기 운동은 일정하지 않았다. 화성은 평균
속력에 비해 훨씬 더 느리게 움직일 때도 있었고, 훨씬 더
빨리 움직일 때도 있었다. 그리고 2년에 한 번 정도, 별들
사이에서 화성이 동쪽으로 점점 느리게 움직이다가 멈춘
뒤 여러 달 동안 뒤로 움직이더니 다시 동쪽으로 움직이기
시작했다. 이처럼 별들을 배경으로 행성이 서쪽으로 느리
게 움직이는 운동을 가리켜 역행한다고 말한다.

프톨레마이오스의 이론에 대한 의문점들

프톨레마이오스는 행성이 뒤로 움직이는 것을 설명하기

위해, 반시계 방향으로 움직이는 주전원과 모원이 결합된 궤도를 생각해 냈다. 그에 따르면, 행성은 주전원을 따라서 움직이고, 이 주전원의 중심이 지구를 중심으로 한 커다란 모원을 따라 움직였다. 그리고 이 두 원들은 쉬지 않고 계속 회전한다. 그 결과 지구에서 보았을 때 그 두 원의 운동이 겹쳐지면 행성이 멈추었다가 뒤로 움직이는 것처럼 보이기도 한다. 매우 교묘한 설명이었다.

하지만 프톨레마이오스가 죽고 천 년이 넘는 세월이 흐르는 동안, 그의 이런 주장에 의문이 제기되곤 했다. 그것은 그 모델이 행성들의 정확한 위치를 예언하지 못해서가 아니었다. 문제는 천체들의 영원한 운동을 설명하는 데 사용된 고대의 개념들에 들어맞지 않기 때문이었다.

프톨레마이오스는 가능한 한 아리스토텔레스의 원칙에서 벗어나지 않기 위해 여러 가지 방법들로 결합한 원운동으로 자신의 모델을 세웠다. 그렇지만 이것이 실제 관측 결과와 꼭 맞아떨어지는 것은 아니었다. 그래서 커다란 원의 둘레를 움직이는 작은 주전원의 운동이 일정하지 않도록 만들어야 했다. 그는 비교적 간단한 두 가지 변화를 선택해 자신이 세운 모델이 실제 현상과 맞아떨어지도록 했다.

첫째는, 커다란 원의 중심이 지구의 중심과 일치하지 않도록 한 것이다. 둘째는, 등속 중심이라는 또 다른 점을 도입해, 이 점을 중심으로 각운동의 속력이 일정하도록 한 것이다. 등속 중심의 도입으로 모델은 더욱 복잡해졌지만,

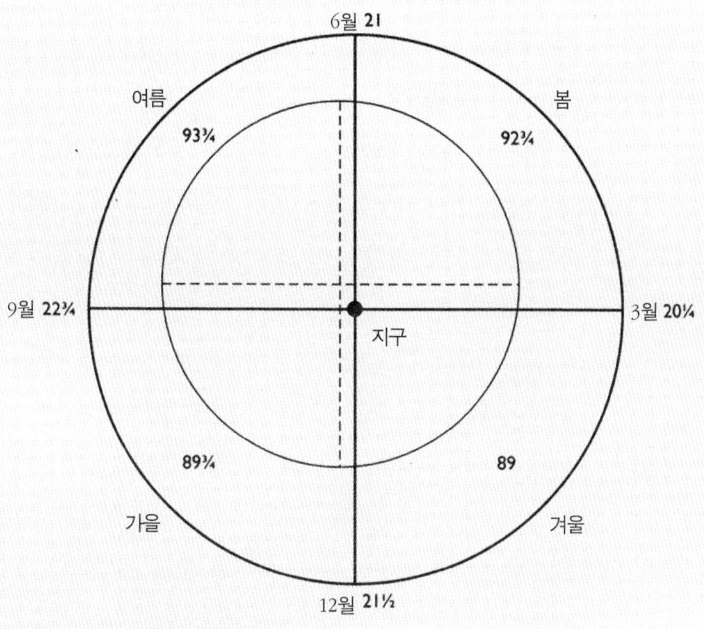

프톨레마이오스의 이심원 모델

프톨레마이오스의 모델에서, 태양은 원궤도(이 그림에서 안쪽 원)를 따라 일정한 속력으로 움직이지만, 지구는 그 원의 중심에서 벗어난 위치에 있다. 따라서 지구에서 보아 태양이 여름 사분원에 머무르는 기간은 $93\frac{3}{4}$일, 겨울 사분원에 머무르는 기간은 89일이다. 각 계절의 길이는 그 궤도의 중심(이 그림에서 점선으로 된 좌표축들의 교점)에서 태양을 보는 것이 아니라 지구에서 태양을 보는 것을 기준으로 계산했다.

그 영향을 계산하는 것은 어렵지 않아 행성들의 표를 만드는 데 도입되었다.

중세 아랍 천문학자들은 등속 중심이라는 개념을 사용하는 데 강한 거부감을 느꼈다. 그들은 원의 둘레를 움직이는 운동의 속력이 그 원의 실제 중심에 대하여 일정하지 않고, 다른 어떤 점에 대해 일정하다는 사실을 받아들이지 않았다. 따라서 그들은 프톨레마이오스의 등속 중심을 사용하지 않으려고 여러 가지 시도를 했다. 하지만 그들이 제시한 방법은 결국 또 다른 작은 주전원들을 만들어 회전하도록 하는 것이었다.

코페르니쿠스는 자신이 해야 할 일을 깨달았다. 그것은 프톨레마이오스의 모델이 아리스토텔레스의 원칙과 맞아떨어지도록 수정하는 것이었다. 이후 코페르니쿠스는 몇 년에 걸쳐, 이 문제를 놓고 고민했다. 그리고 결국에 가서는 해답을 찾고야 말았다.

볼로냐 시절을 뒤로하고 로마로 가다

코페르니쿠스는 법률 공부를 하면서, 시간이 날 때마다 『알마게스트의 발췌본』을 공부해 행성 운행의 모델에 대한 이해를 넓혀 갔다. 그런데 그는 여전히 프롬보르크에 있는 가톨릭 참사회의 위원이었다. 따라서 바르미아로 돌아간 이후 위원으로서 활동하기 위한 공부도 게을리할 수 없었다.

코페르니쿠스가 활동했던 곳

유럽의 도시들 중 코페르니쿠스의 삶과 업적의 배경이
되는 곳은 진한 글자체로 되어 있다.

프톨레마이오스의 등속 중심

화성의 복잡한 운동은 코페르니쿠스와 프톨레마이오스에게 대단한 도전거리 였다. 화성의 운동 중에 가장 두드러진 특징은 역행 운동이며, 역행은 2년에 한 번 정도 일어난다. 이때 화성은 매우 밝게 빛나며, 별들을 배경으로 동쪽 으로 이동하는 정상적인 운동을 멈추고, 몇 주 동안 서쪽으로 '역행 운동' 을 한다.

다음 페이지에 나오는 그림 「역행 운동의 변화」는 코페르니쿠스의 시대에 17년 동안의 역행 운동을 기록한 것이다. 코페르니쿠스는 1504년 5월에 화성을 관 찰하고, '화성은 표에 비해 2도 앞서 있고, 토성은 $1\frac{1}{2}$도 뒤처져 있다' 는 암호 같은 문구를 적어 놓았다. 그의 시대에 사용하던 달력과 현대의 계산을 비교해 보면, 1504년에 이것이 사실이었음을 확인할 수 있다. 코페르니쿠스가 1512년 에 화성을 관찰한 기록 두 개는 『천체의 회전에 관하여』에도 나와 있다.

화성은 2년보다 약간 더 긴 기간인 780일에 한 번씩 역행 운동을 한다. 매번 역행을 하는 길이는, 황도를 따라 15도 정도 된다. 황도란 태양이 하늘을 가 로질러 움직이는 궤도를 말한다.

그러나 화성의 궤도는 매번 약간씩 달라진다. 1506년에 있었던 가장 긴 역행 운동은 1514년에 있었던 가장 짧은 역행 운동과 비교하여 거의 두 배나 되었다. 이런 역행 운동 구간이 하늘을 가로질러 완전히 한 바퀴 돌고 나면, 원래와 비슷한 유형이 다시 등장한다. 그래서 1518~1519년의 역행 운동은 1504년의 역행 운동과 비슷하다.

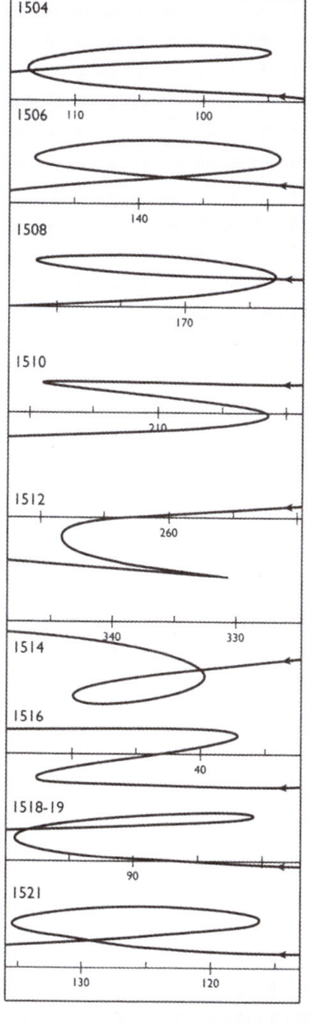

만약에 프톨레마이오스의 모원이 지구를 중심으로 하고 있다면, 그의 주전원 모델은 항상 똑같은 크기의 역행 운동을 하게 될 것이다. 그런데 실제 관측 결과에서는 역행 운동의 크기가 제각각 달랐으므로, 프톨레마이오스는 뭔가 다른 변화를 주어야 했다.

프톨레마이오스가 채택한 방법은, 모원의

역행 운동의 변화

이것은 1504년부터 1521년까지 화성의 역행 운동을 기록한 그림이다. 이 그림에서 수평선은 태양이 하늘을 가로질러 지나는 궤적인 황도의 일부분이다. 화성의 궤적은 황도에 가깝지만 약간 차이가 난다. 황도에 5도 간격으로 눈금을 표시해 놓았다.

1504년의 역행 운동을 보면, 화성은 북부 위도에서 역행을 했다. 즉, 화성은 황도의 위에 놓여 있었다. 그러나 그 후 유형을 차례차례 살펴보면, 화성은 차츰차츰 남쪽으로 내려가서, 황도의 아래로 내려갔다가, 다시 북쪽으로 올라간다. 이런 일이 일어나는 까닭은, 화성의 공전 궤도가 지구의 공전 궤도에 대해 서로 기울어져 있기 때문이다. 이 그림을 보고, 기울어진 방향을 추측할 수 있겠는가? 약 15년이 지나면, 같은 유형이 다시 반복됨을 주목하기 바란다.

중심이 지구로부터 약간 벗어나도록 한 것이다. 이런 원을 가리켜 '이심원'이라 부른다. 주전원이 모원의 둘레를 일정한 속력으로 움직이면, 모원이 이심원이기 때문에 지구에서 보았을 때 주전원이 지구 가까워질 때가 있는가 하면, 멀어질 때도 있을 것이다. 이때 지구와 가까운 곳을 지날 때 더 빨리 움직이는 것처럼 보일 것이다. 프톨레마이오스는 화성이 물병자리를 지날 때 가장 빨리 움직이고, 그 반대쪽 하늘을 지날 때 가장 느리게 움직인다는 사실을 알고 있었다. 이심원 모델은 화성이 빨리 움직였다가 느리게 움직이는 이유를 잘 설명해냈다. 그러나 역행 운동의 크기와 모습이 변화하는 것은 설명할 수 없었다.

프톨레마이오스는 이 단계에서 자신의 모델에 또 다른 변화를 주어야 했다. 그는 아주 그럴 듯한 생각을 해 냈다. 주전원이 모원의 중심에 대해 일정한 속력으로 회전하는 것이 아니라, 다른 어떤 점에 대해서 일정한 각속도로 회전하도록 만든 것이다. 프톨레마이오스는 이 '등속 중심' 점을 원의 중심으로부터 지구의 반대쪽에 지구와 같은 거리만큼 떨어진 곳에 잡았다.

이 등속 중심이 어떤 역할을 하는지 이해하기 위해서, 다음 그림을 보기 바란다. 등속 중심 점을 기준으로 하여 360도를 사등분하면, 각각 90도인 사분원이 된다. 이 각각의 사분원을 같은 시간 동안에 지나가려면 주전원의 중심이 A에서 B까지 가는 데 걸리는 시간은 B에서 C까지 가는 데 걸리는 시간과 같아야 한다. 그런데 A에 비해서 C 지점이 등속 중심으로부터 거리가 더 멀며, 따라서 주전원이 가까운 A에 비해서 더 먼 C 지점을 지날 때 더 빨리 움직여야 한다. 프톨레마이오스는 이렇게 비교적 단순한 배열이 행성 운동의 속력 변화와 역행 운동의 크기 변화를 잘 나타내 주는 것을 발견하고는 매우 기뻤을 것이다.

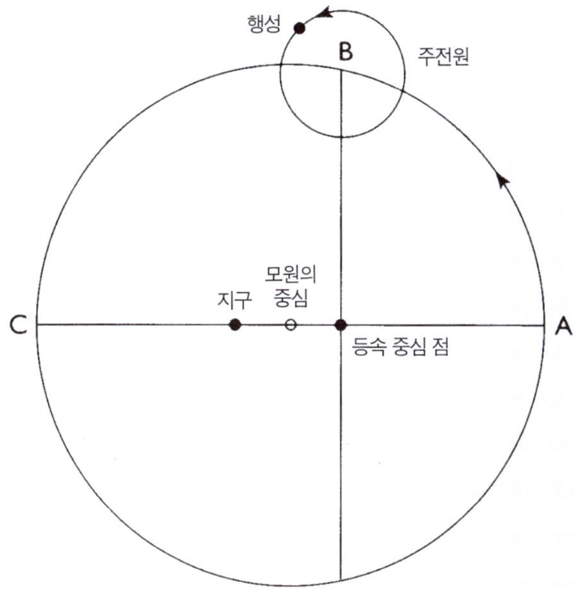

고대 그리스 철학자들은 천체들의 끝없는 운동은 일정한 속력의 원운동만으로 이루어진다고 가르쳤다. 그래서 후대의 천문학자들은 프톨레마이오스의 모델에 불만이 많았다. 그의 모델에서는 등속 중심 개념 때문에 주전원이 모원의 둘레를 도는 속력이 그때 그때 달라지기 때문이다. 이런 이유로 어떤 사람들은 프톨레마이오스의 모델이 철학적으로 옳지 않으며, 심하게 말하면 일종의 사기라고 생각했다.

중세에 페르시아와 시리아에서 활동한 아랍 천문학자들은 이 개념의 대안을 발견했다. 그들은 더욱 작은 주전원을 사용하여 등속 중심 개념을 사용한 것과 동일한 결과를 낳는 데 성공했다. 코페르니쿠스는 이와 같은 배열을 자신의 태양계 체계에다 통합해 넣었다.

　1500년 여름, 코페르니쿠스는 볼로냐 대학에서 4년에 걸친 법률 과정 공부를 마쳤다. 그러나 학위를 받기 위한 시험을 보지않고 형인 안드레아스와 함께 몇 달간 로마로 여행을 떠났다.

　당시 로마는 그리스도 탄생 1500년을 기념하는 축제가 한창이었다. 교황 알렉산더 6세는 화려한 축제를 벌이기 위해 비용을 아낌없이 썼다. 그리고 성당 건축과 장식에도 엄청난 금액을 쏟아 부었다. 이 시기에 로마는 이탈리아 반도의 다른 도시들과 더불어 르네상스에 따른 문학과 예술적 변혁의 정점에 놓여 있었다. 이곳의 학자들은 고대 로마의 키케로, 베르길리우스의 작품들을 배우고, 그들처럼 우아한 라틴어로 글을 쓰기 위해 노력했다. 예술가들은 이전 세기의 예술가들에 비해 대상들을 훨씬 더 사실적으로 묘사했다. 교황은 미켈란젤로에게 부탁해 로마 가톨릭 교회의 본산이라 할 수 있는 베드로 대성당을 재건했다.

　교황 알렉산더 6세가 독실한 기독교 신자들이 낸 헌금을 이렇게 흥청망청 낭비하자, 교회에 대한 개혁을 요구하는 목소리가 높아졌다. 특히 독일에서는 가톨릭 수도사인 마르틴 루터가 종교 개혁을 주도했다. 루터를 지지하는 독일 사람들은 낭비벽이 심한 교황이 자신의 사생아들을 위해 돈을 펑펑 쓰는 것이 큰 불만이었다. 심지어 부유한 추기경이었던 알렉산더는 돈으로 교황 자리를 샀다는 소문도 있었다.

　로마를 처음 방문한 코페르니쿠스 형제는 거대한 건물

들과 화려한 축제에 감탄을 금치 못하며 몇 달간 머물렀다. 그로부터 40년 후, 코페르니쿠스는 제자 레티쿠스에게 이때의 로마 방문을 회상하면서, 많은 학생과 귀빈, 전문가들 앞에서 수학 강의를 했다고 했다. 그렇지만 그의 강의 내용이나 로마 여행과 관련된 다른 사항들에 대해서는 현재 알려진 것이 없다.

파도바 대학에서 시작한 의학 공부

1501년 6월말 무렵, 코페르니쿠스 형제는 프롬보르크에서 열린 바르미아 가톨릭 대교구 참사회를 찾아갔다. 다시 이탈리아로 돌아가 공부를 계속하도록 허락받기 위해서였다. 그 회의록을 보면, 참사회가 형 안드레아스보다 동생 니콜라우스의 능력을 더 높이 평가했음을 알 수 있다.

참사회는 니콜라우스 코페르니쿠스가 2년 더 공부하도록 허락했다. 그 이유는 그가 '의술을 공부해 장차 대주교님을 비롯해, 우리 참사회 위원들의 주치의 역할을 할 것이기' 때문이었다.

그러나 형 안드레아스에게는 마지못한 허락이 떨어졌다. 참사회는 참사회의 '정관에 따르면' 공부할 수 있다고 주장하는 안드레아스의 요구를 받아들였다. 안드레아스는 참사회 위원이 공부를 하기 위해서라면 자리를 비울 수 있다는 법률까지 들먹여야 했던 것이다. 어쨌든 그는 정관에 따라 "3년간 중단 없이, 모든 정력을 공부에만 쏟아 붓는"

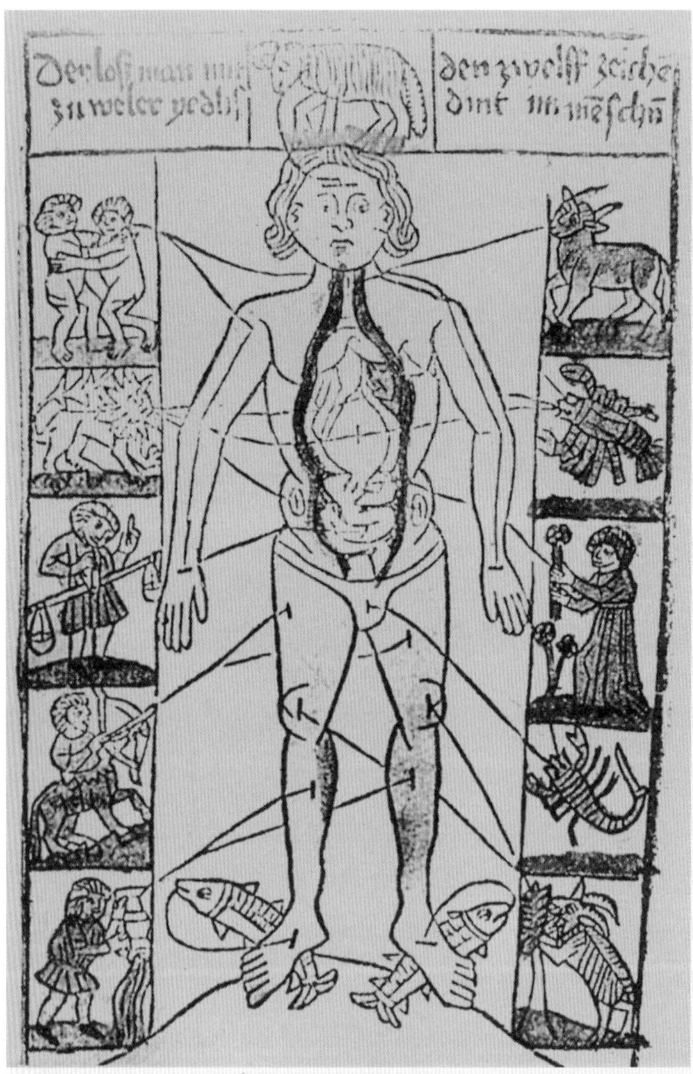

별자리에 따른 사혈 부위

코페르니쿠스가 파도바에서 의학을 공부하던 시절, '환
자의 피빼기'는 당시로서는 표준 치료법이었다. 또 이
시대의 의학에서는 점성술을 공부한 의사가 동녘 하늘
에 떠오르는 별자리를 바탕으로 적당한 부위를 정해 환
자의 몸에서 피를 빼는 일이 흔했다.

조건으로 공부를 계속할 수 있었다.

1501년 10월, 니콜라우스는 파도바 대학의 의학 과정에 등록했다. 파도바 대학은 의학 분야에서 유럽 최고의 명성을 누리고 있었다. 이 대학의 의학 강의는 예술이나 법률 과정과 마찬가지로, 고대 그리스의 저서들을 읽어나가는 것으로 구성되었다. 그 책들은 그리스어에서 아랍어로 번역되었다가, 다시 라틴어로 번역된 것들이었다.

16세기의 의술은 여전히 갈레노스의 가르침을 바탕으로 하고 있었다. 갈레노스는 2세기에 살았던 로마인이다. 그는 고대의 의학자들 중 가장 심술궂고 영향력이 크며, 가장 많은 저술을 남긴 것으로 유명했다. 갈레노스의 저술은 천 년이 넘는 세월 속에서도 권위를 잃지 않았다. 의술 분야에서 그는 여전히 최고였다.

의학 교수는 해부 실습 시간에도 강단에서 갈레노스의 저서를 읽었다. 그러면 날카로운 면도칼을 가진 이발사가 교수가 낭독하는 내용에 맞추어 시체를 해부했다. 갈레노스는 학생들이 이 해부 장면을 제대로 보아야 한다고 했지만, 학생들이 그 말을 따랐을 것 같지는 않다.

갈레노스는 건강을 유지하기 위해 몸 속의 혈액, 점액, 검은 담즙, 노란 담즙과 같은 네 가지 액체가 균형을 이루어야 한다고 믿었다. 이때 각 액체는 두 가지 주된 성질을 지니고 있다. 혈액은 축축하고 뜨거우며, 검은 담즙은 건조하고 차갑다. 이 이론에 따라 갈레노스는 환자가 열이 나면 혈액이 너무 많기 때문이라고 생각했다. 그래서 거머

갈레노스 (129?~199?)
고대 그리스의 의학자. 페르가몬 출생. 히포크라테스에 견줄 만한 명성을 떨쳤으며, 많은 의학 저술을 남겨 후대에 큰 영향을 끼쳤다.

리를 환자의 몸에 올려 놓아 피를 빨게 하는 것이 공인된 처방이었다.

코페르니쿠스 시대의 의사들은 우리 몸 속의 기관들이 황도 12궁 별자리들로부터 영향을 받는다고 배웠다. 그렇기 때문에 피를 빼는 시기도 별자리의 위치를 알아보고 결정했다. 이런 이상한 이유 때문에, 의사들은 점성술을 배울 필요가 있었다. 그래서 크라쿠프 대학에 있는 두 명의 천문학 교수 중 한 명은 의학 과정에 속해 있었다. 코페르니쿠스 역시 이탈리아에 있는 동안 점성술을 배웠다. 하지만 의술을 시행할 때 점성술을 사용했는지 여부는 알 수 없다.

페라라 대학에서 박사 학위를 받다

코페르니쿠스는 파도바 대학에서 2년 동안의 학업이 끝나자 바르미아로 돌아가야 했다. 이미 공부하도록 허가받은 시간은 지났기 때문이다. 그런데 그가 의학 박사 학위를 받으려면 앞으로 3년은 더 공부해야 했다. 파도바 대학에 더 머물 수도 없고, 그렇다고 아무런 학위도 없이 빈손으로 돌아갈 수도 없는 노릇이었다.

코페르니쿠스는 그동안 이탈리아에서 자그마치 6년이나 공부했고, 유학 비용도 만만치 않게 들어갔다. 가톨릭 참사회에서는 그것이 시간 낭비, 돈 낭비가 아님을 증명해 줄 어떤 학위를 요구할 것이 분명했다.

볼로냐 대학이나 파도바 대학에서 학위를 따려면 상당히 많은 돈을 써야 했다. 시험 감독관에게 비용을 지불해야 하는 것은 물론이고, 동료 학생들에게 시끌벅적하게 한턱 단단히 내야 했다. 그러자면 거의 1년 유학 비용과 맞먹는 돈이 들어갈 것이다. 검소한 코페르니쿠스는 이리저리 고민하다가 빠져 나갈 길을 찾았다. 그는 볼로냐에서 가까운 페라라 대학을 찾아가 시험을 쳐서 박사 학위를 받았다. 거기에는 아는 사람이 없었으니, 한턱 낼 일도 없었다.

1503년 5월 31일에 니콜라우스 코페르니쿠스는 페라라 대학에서 교회법 박사 학위를 받고, 그 해 가을 무렵에 바르미아로 돌아갔다. 그 후 그는 폴란드 북부의 고향땅을 떠나지 않았다.

주전원에 얽힌 전설

코페르니쿠스가 태어나기 직전 세기에, 행성들의 위치를 계산하는 가장 흔한 방법은 『알폰소표』를 사용하는 것이었다. 이 표에는 각 행성들이 어느 특정한 날짜에 어디에 있는지가 나와 있다. 또 행성이 매일 움직이는 거리에 대한 정보도 제공하고 있다. 따라서 이 표를 이용해 계산을 하면, 원하는 날짜의 행성 위치를 알 수 있다. 『알폰소표』에는 많은 분량의 교정용 표도 첨가되어 있었다. 왜냐하면 지구에서 보았을 때 각 행성의 속력이 일정하지 않기 때문이다.

코페르니쿠스는 크라쿠프 대학에서 공부하던 시절인 1492년에 『알폰소표』 한 부를 손에 넣었다. 이 표는 1320년 무렵 파리에서 만들어진 것이다. 그 내용은 1270년대에 스페인의 국왕 알폰소 10세의 후원을 받아 일하던 천문학자들이 만든 초기 자료들을(현재 이것들은 사라지고 없다.) 바탕으로 하고 있다.

오래 된 전설에 따르면, 알폰소 왕은 천문학자들로부터 행성 운동에 대한 설명을 듣고 이렇게 중얼거렸다고 한다.

"하나님이 우주를 창조할 때 옆에 있었다면, 좀더 간단한 규칙에 따라 만드시라고 말씀드렸을 텐데."

이 일화를 보면, 알폰소 왕은 행성 운동의 이론이 너무 복잡하다고 생각했음을 알 수 있다. 어쩌면 당시 알폰소 왕 밑에서 일하던 천문학자들이 한 개의 주전원이 아닌 여러 개의 주전원들을 사용하고 있었을지도 모른다. 하지만 『알폰소표』의 모든 내용은 각 행성이 한 개의 독립된 주전원만을 가진다는 개념을 바탕으로 하고 있다. 만약 또 다른 주전원을 넣었다면, 표가 너무 복잡해져 중세의 어떤 수학자도 그것을 제대로 활용할 수 없었을 것이다. 어쨌든 유명한 알폰소 왕의 일화 때문에 현대의 과학자들도 자신의 과학 이론에 대한 설명이 너무 복잡해지면, "내 이론에 주전원들이 너무 많이 들어간 것 같군."이라고 말하며 사과한다.

여러 개의 주전원이 이처럼 이론을 복잡하게 만드는 데도 불구하고, 아랍 천문학자들은 프톨레마이오스의 이론에다 몇 개의 원을 더 추가하려고 했다. 아랍 천문학자들이 이런 시도를 한 까닭은 행성들의 불규칙한 운동을 설명하기 위해서가 아니었다. 단지 철학적으로 좀더 만족스러운 이론을 완성하기 위해서였다. 그들은 천체들의 운동은 영원하기 때문에, 행성들의 운동이 완벽한 원에서 일정한 속력으로 나타나야 한다고 생각했다. 그래서 프톨레마이오스가 등속 중심 개념을 사용한 것은 사기라고 믿었다. 프톨레마이오스의 이론대로라면, 원의 둘레를 움직이는 운동이 빨라졌다 느려졌다가 하기 때문이다.

아랍 천문학자들은 어떻게 등속 중심 개념을 일정한 속력의 원운동들로 대치할 수 있었는가? 13세기에 마라가 천문대(현재 이란에 있다.)에서 일하던 나시르 알딘 알투시는 프톨레마이오스의 모델에 작은 원 두 개를 추가해 등속 중심을 사용한 것과 같은 효과를 얻을 수 있었다. 후에 다마스커스의 천문학자 이븐 알샤티는 그 원들을 약간 다르게 배열했다. 이 두 개의 원은 제각각 독

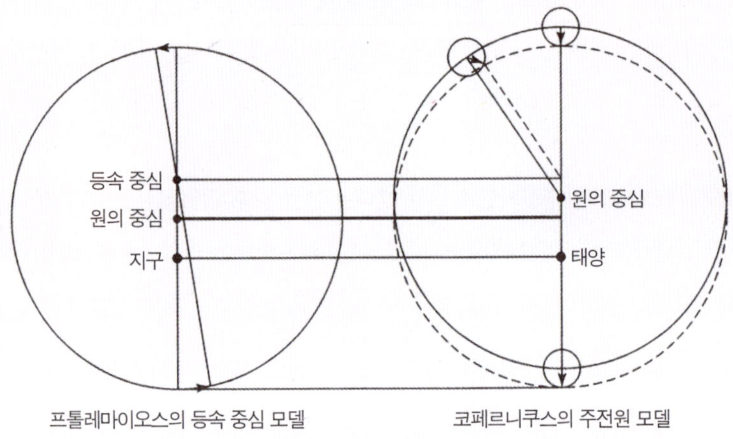

프톨레마이오스의 등속 중심 모델   코페르니쿠스의 주전원 모델

등속 중심 모델과 주전원 모델

코페르니쿠스는 프톨레마이오스가 이심원, 즉 등속 중심 개념으로 설명한 행성의 운동을 태양 중심의 주전원 모델로 재현하려 했다. 코페르니쿠스는 자신의 모델에서 원의 중심을 프톨레마이오스 모델에서의 원의 중심과 등속 중심점의 한가운데에 놓이도록 했다.

오른쪽 그림에서 실선으로 된 원은 그 중심에 대한 원이며, 점선으로 된 원은 왼쪽 그림에서의 원과 동일한 원이다. 코페르니쿠스는 자신의 모델에서 행성이 왼쪽 그림에서와 똑같이 움직이도록 만들고 싶었다. 다시 말해 오른쪽 그림에서 점선으로 된 원을 따라서 행성이 움직이게 하고 싶어 했다. 그래서 그는 작은 주전원을 도입했다. 그리고 주전원의 지름은 프톨레마이오스의 모델에서 원의 중심과 등속 중심 점 사이의 거리와 같도록 잡았다.

프톨레마이오스의 등속 중심 개념 모델에서는 원의 중심에 대한 운동 속력이 일정하지 않다. 그러나 코페르니쿠스의 모델에서는 두 가지 등속 원운동들이 존재한다. 커다란 모원의 중심에 대한 등속 원운동과 주전원의 중심에 대한 등속 원운동이 그것들이다.

립적으로 움직이는 것이 아니라, 그들이 큰 원의 어디에 놓이느냐에 따라 어떤 일정한 각으로 묶인 상태로 움직였다. 그러므로 행성 운동의 표가 더 복잡해지지 않아도 괜찮았다.

아랍 천문학자들과 마찬가지로, 코페르니쿠스도 프톨레마이오스의 등속 중심 개념에 불만을 느꼈다. 코페르니쿠스는 등속 중심을 제거하면 자신의 체계가 심미적으로 더 완전해지리라고 믿었다. 흥미롭게도 코페르니쿠스가 처음 제안한 것은 이븐 알샤티가 발명한 것과 같은 구조로 되어 있었다. 그런데 이븐 알샤티는 아랍어로 글을 썼고, 코페르니쿠스는 아랍어를 읽을 줄 모른다. 그러므로 코페르니쿠스가 그것을 어떻게 발견하게 되었는지는 아무도 설명할 수 없었다.

추측건대, 15세기 오스트리아 빈의 천문학자 요하네스 앙겔루스가 그런 배열을 사용해 행성들의 위치를 계산한 역서를 만들었던 것 같다. 코페르니쿠스는 그 역서를 알고 있었으며, 앙겔루스가 뭔가 특별한 계산 과정을 사용했다고 언급했다. 그러므로 코페르니쿠스는 주전원 모델과 관련된 아이디어를 어느 정도는 이 책에서 빌려 왔을 것이다.

NICOLAUS COPERNICUS

TURENÆUS BORUSSUS MA-
THEMATICUS.

돌파구

■ 은방울 꽃을 든 코페르니쿠스

이 목판 초상화는 코페르니쿠스가 그린 자화상을 바탕으로 만든 것이다. 코페르니쿠스가 손에 들고 있는 것은 은방울꽃이다. 은방울꽃은 르네상스 시대에 치료약으로 사용되었기 때문에 의사의 상징이었다.

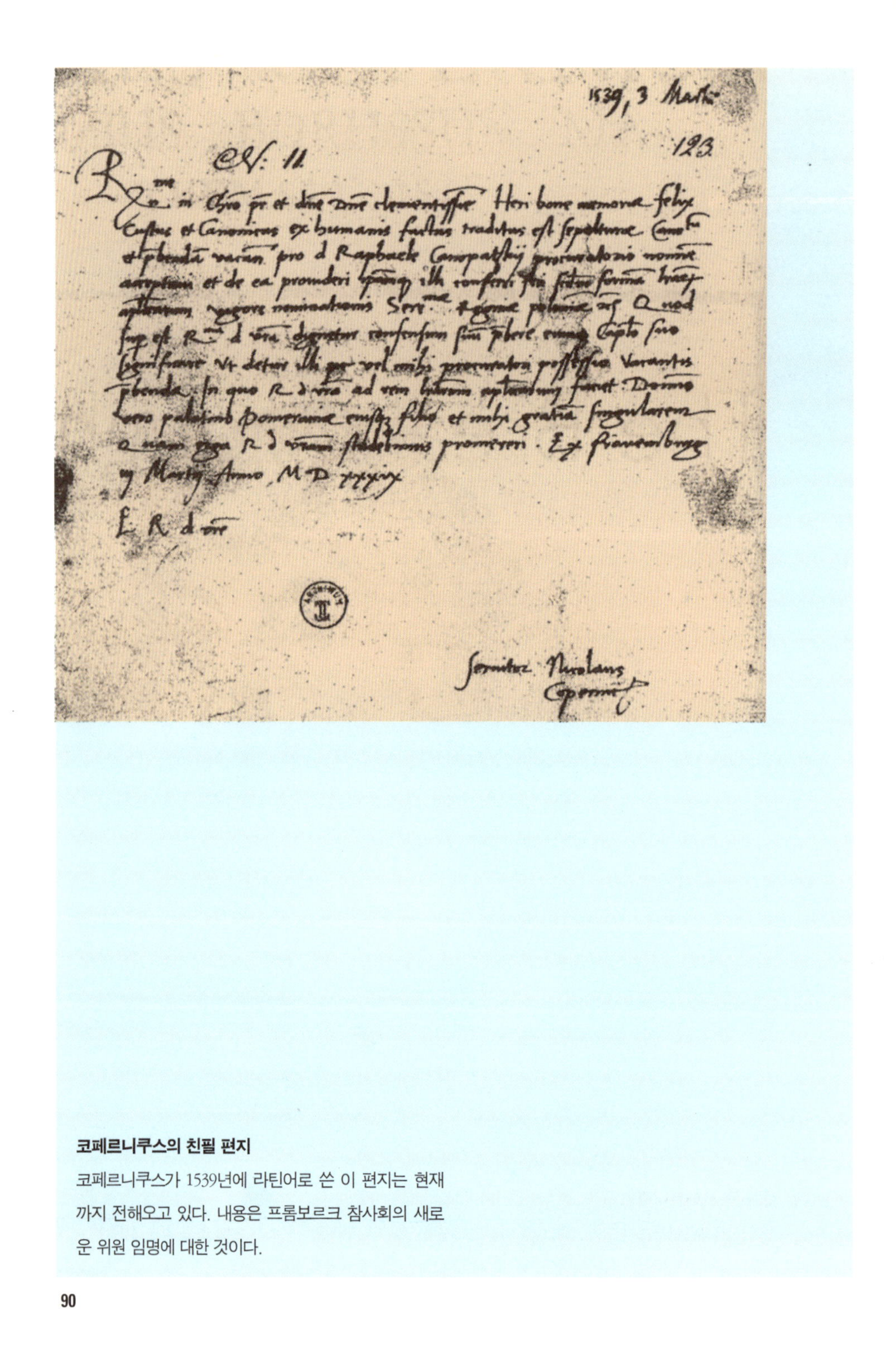

코페르니쿠스의 친필 편지

코페르니쿠스가 1539년에 라틴어로 쓴 이 편지는 현재
까지 전해오고 있다. 내용은 프롬보르크 참사회의 새로
운 위원 임명에 대한 것이다.

1 503년 가을, 당시 서른 살이던 코페르니쿠스는 바르미아 참사회 위원으로서 업무를 시작했다. 참사회 위원은 전부 16명이었다. 이들이 맡은 임무는 각자 좀 달랐다. 코페르니쿠스는 교회 소유의 재산을 관리하고, 감독하는 일을 했다. 이제 코페르니쿠스는 교회에서 나오는 봉급을 받게 되었고, 부동산에서 나오는 약간의 수입도 생겼다.

그 외에도 코페르니쿠스는 몇 십 킬로미터 떨어진 곳에 있는 로클로우 교회 학교의 수업 진행을 감독하는 일도 맡았다. 이 일로도 그에게 약간의 수입이 생겼지만, 실제로 임무를 수행한 사람은 그 지역의 성직자였다. 코페르니쿠스가 로클로우를 방문했다는 증거는 남아 있지 않다.

그 후 몇 년 동안, 코페르니쿠스가 프롬보르크에 머문 시간은 그리 많지 않았다. 그의 외삼촌인 바첸로데 대주교는 참사회 위원들을 설득해, 조카가 자신의 비서로 일하도록 허락을 받았다. 그러자 참사회는 코페르니쿠스에게 대주교를 위해 일하는 데 따른 특별 수당을 지급해 주었다.

리츠바르크에서 시작된 본격적인 성직자 생활

이제 코페르니쿠스는 외삼촌인 바첸로데의 비서이자 동료 성직자, 주치의로서 일하게 되었다. 어쩌면 바첸로데 대주교는 코페르니쿠스를 자신의 후계자로 키우고 싶었던 것 같다. 하지만 코페르니쿠스는 다른 생각을 갖고 있었을지도 모른다. 시간만이 그의 속마음을 말해 줄 것이다.

프롬보르크로부터 60킬로미터 정도 남동쪽에 있는 리츠바르크의 성이 대주교의 공관이었다. 이제 코페르니쿠스는 리츠바르크에서 생활하면서 대주교의 공식 업무에 동행했다.

바첸로데 대주교는 바르미아의 수장으로서, 서부 프러시아 영지의 의회도 관장했다. 서부 프러시아는 폴란드 북서쪽 지역의 영지였다. 바첸로데는 각 도시를 대표하는 의원들을 말보르크나 엘브라그에서 가끔 만나 무역과 국경 수비 등에 대해 의논하고 분란을 중재했다. 이외에도 바첸로데에게는 바르미아를 대표해 폴란드 국왕에게 충성하고, 국왕의 이익을 보호할 의무가 있었다.

그 시대에는 교회 성직자들이 영토를 통치하는 경우가 흔했다. 바첸로데는 게르만 기사단의 침략에 대항해 영토를 잘 지켰다. 바르미아는 게르만 기사단의 영토로 둘러싸인 땅이었다. 1507년에 바첸로데는 병으로 쓰러졌지만, 코페르니쿠스의 탁월한 의술 덕분에 곧 회복되어 자리에서 일어났다.

그리스어를 독학하다

코페르니쿠스는 대주교의 비서와 의사로서 바빴지만 약간의 여가 시간을 낼 수 있었다. 그 시간에 그는 학자적 취미 생활을 즐길 수 있었다. 놀랍게도 그의 취미 중 하나는 그리스어를 배우는 것이었다. 그는 이탈리아에 있을 때 그

리츠바르크의 성

대주교의 거주지인 리츠바르크의 성. 위쪽으로 뾰족한
아치형 문과 창문은 초기 폴란드의 고딕 양식 건축물의
특징이다. 코페르니쿠스는 1503년부터 1510년까지 이
성에서 살면서 바첸로데 대주교를 보좌했다.

리스어·라틴어 사전을 샀다. 그리고 프롬보르크 교회의 도서관에서 그리스어로 된 책을 한 권 빌렸다. 그 책은 베니스에서 출판된 것으로, 천 년 전 그리스의 학자나 작가들의 편지들을 모아 놓은 것이었다.

코페르니쿠스는 그리스어를 독학하기 위해 그 편지들 중 일부를 라틴어로 번역하기로 결심했다. 이처럼 그리스어를 익히는 것이 코페르니쿠스에게 중요했던 이유는 무엇이었을까? 프톨레마이오스의 여러 가지 관측 결과를 이용해 정확하게 날짜를 계산하려면, 고대 그리스의 달력을 이해할 필요가 있었기 때문이다. 또 그리스어로 된 문헌을 여기저기 뒤지다 보면, 프톨레마이오스에 관한 중요한 정보가 튀어나올지도 모르는 일이었다.

코페르니쿠스는 서기 600년대 말에 콘스탄티노플에서 살았던 어떤 그리스인 작가가 쓴 편지들을 택했다. 그 작가의 이름은 테오필락투스로 역사적 실존 인물이나 신화적 인물들이 주고받는 85부의 편지들을 오직 자신의 상상으로 써 놓았다. 테오필락투스가 이 편지들을 쓴 주된 목적은 이솝의 『우화집』이 그러하듯이 사람들에게 도덕적 교훈을 주기 위해서였다.

테오필락투스의 편지들은 도덕 교훈, 농부의 잡담(시골뜨기), 연애 편지(사랑꾼)의 세 가지 형식으로 되어 있었다. 코페르니쿠스가 읽었던 편지 중 일부를 잠깐 소개해 보겠다.

도덕: 당신은 약속은 많으면서 행동은 없군요. 당신의 혀는 행동

에 비해 더 두드러지는군요. 그러나 만약 당신이 유창한 화술로 유명하다면, 예술가들은 당신의 입보다 더욱 큰 힘을 발휘합니다. 왜냐하면 그들의 그림 속에는 자연이 만들지 못하는 것들이 들어 있으니까요.…… 그러므로 당신의 친구들이 당신을 거짓말쟁이라 여기는 것이 싫다면, 당신의 적들이 당신을 가리켜 진실과 거리가 먼 사람이라며 공격하는 것이 싫다면, 먼저 행동과 말을 일치시키십시오.

큰소리 뻥뻥 치면서 온갖 듣기 좋은 말을 하지만, 실천으로 옮기지는 않는 사람은 어디에나 있는 법이다. 테오필락투스는 그런 사람들에게 따끔한 충고를 했던 것 같다. 하지만 그의 도덕적 교훈은 그리스어로 써 놓든, 라틴어로 써 놓든 탁월한 문학 작품은 아니었다. 그의 글을 한 편 더 살펴보자.

시골뜨기: 이 얼빠진 놈, 도대체 왜 옷을 갈아 입어서 메추라기들이 날아가도록 만들었나? 너는 항상 술이 문제였어.…… 네가 새들을 다시 잡아오지 못하면, 나는 너를 꼭 껴안고 절벽에서 뛰어내릴 거야. 너 같은 아이들은 이 험한 세상에서 제대로 살아가기 힘들 테니 차라리 죽는 게 나아. 하지만 어린 아들을 보내 놓고 나 혼자 어떻게 살 수 있겠냐.

이 터무니없는 충고는 과연 농부의 잡담이라 할 만하다. 그렇지만 무슨 잘못을 저질렀길래 절벽에서 등까지 떠밀어야 하는지, 게다가 왜 아버지가지 같이 뛰어내리려 하는지 도무지 알 수 없는 일이다.

사랑꾼: 당신은 테티스와 갈라테아를 동시에 사랑할 수 없습니다. 열정은 갈등 속에서 생겨나지 않습니다. 왜냐하면 사랑은 나뉘지 않기 때문입니다. 그리고 당신은 이중으로 얽임을 견딜 수 없습니다. 지구가 두 개의 태양으로부터 햇빛을 받을 수 없는 것처럼, 한 사람의 심장은 사랑의 불꽃 두 개를 동시에 피울 수 없기 때문입니다.

후대의 학자들은 코페르니쿠스의 번역에 실수가 많음을 발견했다. 그렇기는 하지만, 그는 자신의 노력에 자부심을 가지고 번역 원고를 친구들에게 보여 주었다. 그러자 친구들 중 한 명이 그 원고를 읽고 감탄한 나머지 크라쿠프로 가지고 가서, 1509년에 출판했다.

코페르니쿠스는 최초로 출판한 자신의 책에 외삼촌에게 보내는 짧은 편지를 머리글 삼아 넣었다. 그는 이 글에서 테오필락투스의 글을 이렇게 칭송했다.

"가벼운 것과 진지한 것, 재미있는 것과 준엄한 것이 조화를 이루고 있습니다. 어떤 독자라도 그 중에서 마음에 드는 내용을 취할 수 있을 테이니, 마치 갖가지 꽃들로 구색을 맞춘 화원과 같지요."

코페르니쿠스의 친필 원고

코페르니쿠스가 손으로 쓴 매우 귀한 원고이다. 그는 이 원고에서 태양 중심의 체계로 넘어가는 중간 단계의 계산을 보여 준다. 코페르니쿠스는 크라쿠프 대학에서 공부하던 시기에 구입한 천문학 책의 뒤에다 백지들을 묶어서, 거기에다 이 원고를 썼다.

결코 놓을 수 없는 천문학

코페르니쿠스는 바첸로데를 보좌하며 바쁘게 지내는 동안에도 천문학을 결코 손에서 놓지 않았다. 1504년에 그가 이탈리아에서 돌아온 직후, 행성들이 게자리에서 하나로 만나는 대회합이 일어났다. 이것은 매우 드물게 일어나는 일이다. 목성이 느리게 움직이는 토성과 만나는 것으로 20년에 한 번 볼 수 있는 현상이다.

코페르니쿠스는 행성들의 장엄한 행진을 꼼꼼하게 관찰했다. 그리고 행성들의 위치를 천문학 표들에 기록된 위치와 비교했다. 그는 뭔가 잘못되었다는 것을 알아차렸다. 목성의 위치는 맞아 떨어졌지만, 화성은 더 빨리 움직이고 토성은 더 느리게 움직였다.

그 무렵, 코페르니쿠스는 레지오몬타누스가 쓴 『알마게스트의 발췌본』을 계속 공부하고 있었다. 그 책은 프톨레마이오스가 쓴 『알마게스트』에 대한 요약이자 해설서였다. 몇몇 대목에서 레지오몬타누스는 프톨레마이오스보다 더 알기 쉽게, 혹은 더 깊고 상세하게 풀이해 놓았다.

『알마게스트의 발췌본』은 『알마게스트』와 같은 구성으로 되어 있어 둘 다 13권이었다. 코페르니쿠스는 12권을 읽다가 프톨레마이오스가 행성들의 역행 운동을 설명하기 위해 주전원 모델이 아닌 다른 대안을 잠시 고려했음을 발견했다. 레지오몬타누스는 프톨레마이오스에 비해 그것을 더욱 상세하게 탐구해 놓았다.

레지오몬타누스는 프톨레마이오스의 커다란 모원과 주전원의 기능을 서로 바꿀 수 있음을 보인 것이다. 이것은 매우 중요한 변환이다. 왜냐하면 태양을 중심으로 한 행성 운행 체계를 발견하는 데 핵심이 되는 단계를 보여 주기 때문이다.

레지오몬타누스의 계산법을 나타낸 100쪽의 그림은 모원과 주전원의 기능을 바꾸는 방법을 보여 준다. 굵은 선분 EP는 지구에서 행성을 바라보는 시선을 나타내는 중요한 선이다. 바꿔 말하면, 행성을 보기 위해 하늘의 어느 부분을 보아야 하는가를 나타낸다.

프톨레마이오스는 시선 EP의 방향을 계산하기 위해 그 선분을 모원의 반지름 ED, 주전원에서 행성의 위치를 나타내는 반지름 DP와 같이 묶어 그렸다.(프톨레마이오스의 시대에는 아직 삼각법의 기술들이 제대로 발전되지 않았기 때문에 계산 과정이 길고 복잡했다.)

여기서 레지오몬타누스는 다음과 같은 사실을 증명했다. 선분 ED, 선분 DP와 길이가 같고 평행한 두 선분들(그림에서 점선으로 그려 놓은 선분들)을 그려서 평행사변형을 작도하면, 선분 ES와 선분 SP를 사용해 시선 EP를 계산할 수 있다. 그러면 작은 원(이전의 주전원)이 지구를 중심으로 회전하고, 커다란 원(이전의 모원)이 점 S를 중심으로 회전한다.(흥미로운 변환이기는 하지만, 계산 과정이 간단해지지는 않는다. 왜냐하면 이전과 똑같은 계산을 해야 하기 때문이다.)

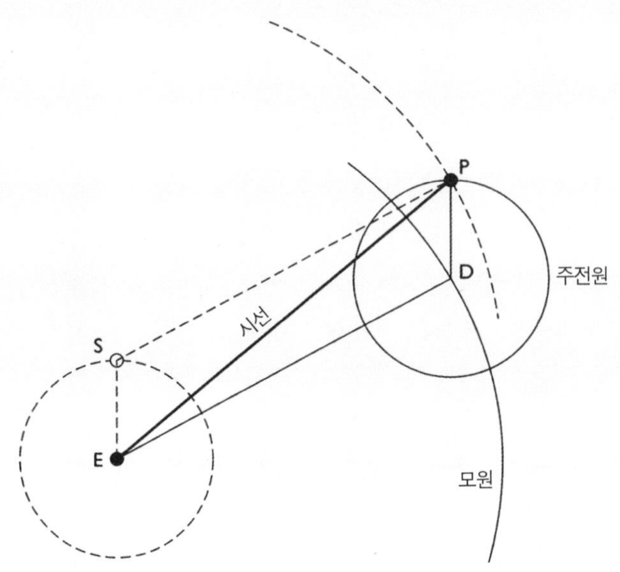

레지오몬타누스의 계산법

레지오몬타누스는 행성을 향하는 시선의 각을 계산하는
두 가지 방법을 제시해 놓았다. 한 가지는 주전원의 궤
적을 사용하여 각 EDP를 구하는 것이고, 다른 한 가지
는 지구에서 태양을 거쳐 행성에 이르는 각 ESP를 구하
는 것이다.

그런데 이때 요술처럼 놀라운 일이 일어났다. 선분 ES가 항상 태양의 방향을 가리키고 있었다! 코페르니쿠스는 이 놀라운 사실을 알아차리고, 태양의 궤도를 적당히 잡아서 태양이 점 S에 놓이도록 만들었다. 그러자 이제 행성 P는 태양을 중심으로 회전하게 되었다!

놀라운 발견과 새로운 모델

코페르니쿠스는 화성, 목성, 토성의 모델을 모두 자신의 발견에 맞추어 변환시켰다. 그리고 각 모델에서 태양이 점 S에 놓이도록 했다. 이제 각 그림을 적당한 크기로 조절해서, 세 개의 모델에서 모두 선분 ES의 길이가 같도록 만들었다. 그리고 세 개의 모델을 층층이 쌓아 하나의 체계로 묶었다.

프톨레마이오스의 모델에서는 화성, 목성, 토성이 회전하는 궤도의 크기를 비교할 수 없었다. 왜냐하면 그의 모델에서는 모든 모원들이 같은 반지름을 가졌기 때문이다. 그 결과, 목성의 주전원은 화성의 주전원보다 더 작았다. 또 토성의 주전원은 목성의 주전원보다 더욱 작게 나왔다.

그러나 코페르니쿠스의 변환을 거치면 모원들은 거대한 주전원들이 되며, 주전원들은 작은 모원들이 된다. 이 새로운 모원들은 변환 이전의 주전원들이 가졌던 크기 차이를 그대로 유지하고 있다.

이 시점에서 코페르니쿠스는 그의 놀라운 발견 중 첫 번째 것을 이룰 수 있었다. 그는 각 모델에서 선분 ES의 길이를 뚜렷한 이유 없이 25라 잡은 것이다.

코페르니쿠스는 크라쿠프 대학 시절에 표들을 묶어서 만든 책 뒷부분의 백지에 새로운 표를 만들었다. 그것은 세 개의 모델 모두에 대해 선분 ES(실제로는 주전원의 반지름)의 길이를 똑같이 25로 잡았을 때의 결과를 계산한 것이었다. 그랬더니 각 모델의 커다란 원의 크기가 바뀌었다. 화성은 원의 반지름이 38, 목성은 130, 토성은 231이 되었다.

이제 코페르니쿠스는 지구로부터 태양까지의 선분을 일치시킨 이들 세 모델을 서로 겹쳐 하나로 묶을 수 있었다. 태양계에서 세 개의 외행성들에 대한 체계가 완성된 것이다. 이 체계에 따르면 각 행성은 자신만의 고유 거리를 유지하며 태양을 중심으로 공전하고 있고, 태양은 지구를 중심으로 공전하고 있다.

두 번째 놀라운 발견

코페르니쿠스는 아직 지구를 포함한 행성들이 태양을 중심으로 공전한다는 생각은 미처 하지 못하고 있었다. 왜냐하면 그런 배열은 지구가 우주의 중심이라는 믿음에 어긋나기 때문이다.

대개의 경우, 위대한 발견은 여러 단계를 거쳐 이루어진다. 세 개의 외행성들이 태양을 중심으로 공전하는 궤도의 반지름을 25로 나누면, 화성은 1.52, 목성은 5.2, 토성은 9.24가 된다. 이 값들은 세 행성이 태양으로부터 떨어져 있는 실제 거리를 천문단위로 나타낸 값과 매우 가깝다. 1 천문단위는 태양으로부터 지구까지의 거리이며, 태양으로부터 이 행성들까지 거리의 정확한 값은 화성 1.5237, 목성 5.2028, 토성 9.5388이다.

코페르니쿠스는 『알마게스트의 발췌본』 12권을 계속 읽다가 레지오몬타누스가 내행성인 수성, 금성에 대해서도 이와 같은 변환을 해 놓았음을 발견했다. 그래서 그는 수성, 금성이 태양을 중심으로 공전하고, 태양은 지구를 중심으로 공전하는 또 하나의 체계를 만들 수 있었다.

이 작업을 할 때 행성들이 공전하는 궤도의 크기 비율을 그대로 유지하기는 쉽지 않다. 왜냐하면 토성의 궤도는 수성의 궤도에 비해 25배 정도 더 크기 때문이다. 다음 페이지에 나오는 그림 중 위쪽 그림이 코페르니쿠스가 새롭게 만든 체계의 개요도이다.

이제 코페르니쿠스는 중대한 선택의 기로에 놓여 있었다. 위쪽 그림처럼 약간 엉망인 배열을 택해야 하는가? 아니면 아래쪽 그림처럼 훨씬 더 깔끔하고 산뜻한 배열을 택해야 하는가? 만약 코페르니쿠스가 후자의 체계를 선택하면, 지구도 태양을 중심으로 한 궤도 위에 놓이게 된다. 결국 지구도 하나의 행성이 되어 태양을 중심으로 돌아야 한다.

아리스토텔레스의 시대 이후 모든 철학적, 천문학적 전통과 상식에 따르면, 지구는 우주의 한가운데에 정지해 있

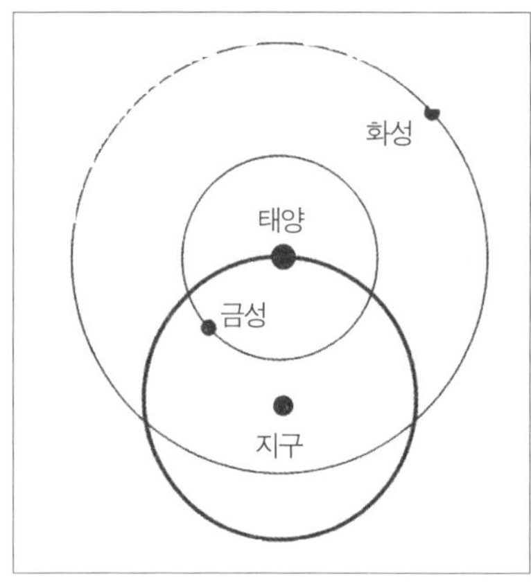

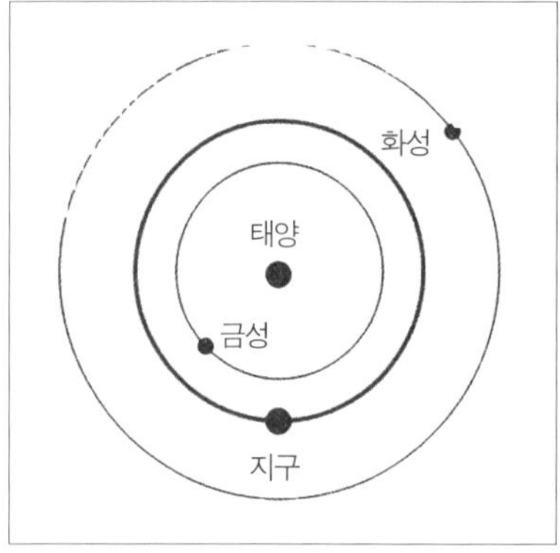

태양계에 대한 두 모델

위쪽 그림처럼 태양이 지구를 중심으로 회전하고 있을까? 아니면 아래쪽 그림처럼 지구가 태양을 중심으로 회전하고 있을까?

다. 하지만 코페르니쿠스는 이탈리아에서 공부하던 시절에 지구가 움직이는 체계에 대한 고대 그리스의 문헌들을 읽은 적이 있었다.

그렇지만 중요한 것은 지구가 움직이는 것처럼 느껴지지 않는다는 사실이다. 바로 이 사실 때문에 아리스토텔레스와 프톨레마이오스는 지구의 운동에 대해 강력히 반대했다. 코페르니쿠스가 지구의 운동을 주장하려면, 그것을 뒷받침할 만한 합당한 근거를 찾아야 했다.

코페르니쿠스는 태양을 중심으로 행성들의 궤도를 차례차례 배치하고 나자, 이 배열에 맞추어 행성들의 주기(궤도를 한 번 공전하는 데 걸리는 시간)가 변한다는 사실을 깨달았다. 가장 바깥에 있는 토성은 한 번 공전하는 데 30년이 걸리며, 가장 안쪽에 있는 수성은 불과 3개월이 걸린다.

이 궤도상의 논리에 비추어 볼 때 지구가 태양 주위를 한 바퀴 도는 데 걸리는 시간은 1년(365일)이다. 이것은 화성의 주기인 687일과 금성의 주기인 225일의 중간이다. 코페르니쿠스는 지구의 궤도를 화성과 금성의 궤도 사이에 놓았다. 태양은 이미 중심에 놓여 있으니, 그 사이에 태양을 놓을 수는 없었다.

코페르니쿠스는 자신의 생각을 조금씩 바꾸면서, 두 번째 놀라운 발견을 이루어갔다. 그는 일생일대의 거작 『천체의 회전에 관하여』에서 이 일에 대해 다음과 같이 적어 놓았다.

궤도의 크기와 주기 사이의 이렇게 조화로운 관계는 다른 어떤 배열에서도 찾아 볼 수 없다.

태양 중심의 체계에 대한 또 다른 중요한 단서가 있었다. 화성, 목성, 토성이 역행 운동의 중간에 있을 때 태양은 하늘에서 그들과 정반대 방향에 있었다. 이 현상은 그때까지 천문학자들이 풀지 못하는 수수께끼였다.

하지만 코페르니쿠스의 새로운 배열은 그 이유를 논리적으로 완벽하게 설명해 줄 수 있었다. 화성이 뒤로 움직이는 것처럼 보이는 이유는, 지구가 화성을 추월하며 그 옆을 지나갈 때가 있기 때문이다. 이런 일은 화성, 지구, 태양이 일직선상에 놓일 때에만 일어난다.

이처럼 놀라운 발견들이 이어지는 가운데서도 코페르니쿠스는 아직도 해결해야 할 문제가 많았다. 행성들을 태양을 중심으로 공전하는 궤도 위에 놓았다고 해서, 그들의 운동이 보여 주는 세세한 사항들이 모두 설명되지는 않았다. 주전원 또는 등속 중심과 비슷한 어떤 것들이 여전히 필요했다. 코페르니쿠스는 등속 중심 없이 모든 현상을 설명할 수는 없을까 고민하기 시작했다.

출세의 길을 따르지 않다

'태양 중심의 체계'는 코페르니쿠스가 이룬 혁명의 돌파구이다. 그런데 이 돌파구가 언제, 어디서 열렸는지 알 수 있는 직접적인 증거는 없다. 역사가들은 코페르니쿠스의 인생에 대해 띄엄띄엄 기록된 문헌들을 살피며, 그의 천문학 관측 방식을 분석했다. 그리고 그가 태양 중심 이론에 대해 쓴 얇은 책이 1514년 이전에 크라쿠프에 있는 도서관에 비치되었다는 기록을 찾아 냈다. 이는 그의 천문학적 위업이 1508~1510년 무렵에 성취되었을 것이라는 추측을 가능하게 한다.

코페르니쿠스는 이 무렵에 자신의 장래에 대해 중대한 결정을 내렸다. 그가 교회에서 출세할 수 있도록 외삼촌인 바첸로데가 마련해 놓은 길에서 벗어나기로 한 것이다.

1510년이 저물기 전에, 코페르니쿠스는 바첸로데 대주교의 비서직을 그만두었다. 그리고 프롬보르크로 가 가톨릭 참사회 위원으로서 일하기 시작했다. 이제 그는 교회와 관련된 업무만을 보며, 여가 시간에는 마음껏 천문학 연구에 매달릴 수 있게 된 것이다.

이 시기에 코페르니쿠스는 천문학에서 무엇인가 중대한 것을 성취하겠다고 결심한 듯하다. 하지만 그가 발견한 새로운 우주 배열이 완전해지려면, 아직도 풀어야 할 문제들

이 많았다. 그는 이 문제들을 둘러싸고 있는 짙은 안개를
과감하게 헤쳐나가기로 했다.

Nicolai Copernici

de Hypothesibus motuum cælestium

à se constitutis

commentariolus.

Multitudinem orbium cælestium Maiores nostros eam maxime ob causam posuisse video, ut apparentem in sideribus motum sub regularitate salvarent. Valde n. absurdum videbatur coeleste corpus in absolutissima rotunditate non semper æquè moveri. Fieri aut posse adverterant, ut et compositione atque concursu motuum regularium diversimode ad aliquem situm moveri quippiam videretur. Id quidem Calippus & Eudoxus per concentricas circulos deducere laborantes non potuerunt. Et his omnium in motu sydereo reddere rationem, no solum eorum quæ circa revolutiones syderum videntur, verum etiam quòd sydera modo scandere in sublime, modo descendere nobis videntur, quod concentricitas minime sustinet. Itaq́ potior sententia visa est per eccentricos & epicyclos id agi, in qua demum maxima pars sapientum convenit, attamen quæ ab Ptolomeo et plerisq́ alijs passim de his prodita fuerunt, quanq́ ad nu, merum responderent, non parvam quoq́ videbant

habere

지구를 뒤흔든 대발견

코페르니쿠스는 행성들이 태양을 중심으로 회전하고 있다는 가설을 전개한 『짧은 해설서』를 썼다. 1510년 무렵 필사본으로 발표된 『짧은 해설서』는 현재 단 세 권만 남아 있다. 이 책은 비엔나에 있는 오스트리아 국립 도서관에 보관되어 있는 것이다.

프톨레마이오스의 행성 운행 이론은 현재까지도 널리 사용되고 있다. 이 이론에서 제시된 수치는 실제 관측 수치와 잘 맞아 떨어지는 것처럼 보인다. 그러나 이 이론의 중요한 결점은 등속 중심이 따로 있는 원을 사용해야 한다는 것이다. 그 결과, 행성들은 그들의 모원이나 원의 중심에 대해 일정한 속력으로 움직이지 않는다. 바로 이런 점 때문에 프톨레마이오스의 이론은 불충분해 보인다.

나는 그의 이론에 이런 결점이 있음을 알아차린 후, 원들을 좀더 합리적으로 배열할 수 없을까 하고 고민을 거듭했다. 내가 말하는 합리적인 배열이란 불규칙한 겉보기 운동들을 모두 설명해줄 수 있는 것이다. 그리고 이 배열에서는 모든 행성들이 완벽한 운동의 원칙에 따라 일정하게 움직여야 한다.

코페르니쿠스, 『짧은 해설서』, 1510년 무렵

코페르니쿠스는 자신이 생각해 낸 놀랍고 새로운 행성 배열을 여섯 장의 커다란 종이에 적었다. 거기에는 제목도 없었고, 저자가 누구인지도 밝혀 놓지도 않았다. 나중에 이 글은 코페르니쿠스가 쓴 것으로 밝혀졌고, 오늘날에는 『짧은 해설서』라는 이름으로 불린다. 코페르니쿠스는 이것을 몇 벌 필사해 크라쿠프에 있는 동료 수학자들에게 보냈다.

『천체의 회전에 관하여』를 예고한 『짧은 해설서』

코페르니쿠스의 일생 동안,『짧은 해설서』에 대한 더 이상의 애깃거리는 없었다. 그러나 코페르니쿠스가 생의 마지막 순간에 탄생시킨『천체의 회전에 관하여』는 그가 이미 30년 전에『짧은 해설서』에서 약속했던 작품이다. 그는 30년 동안 교회 업무에 종사하면서, 틈틈이 자신의 천문학 저서를 계속 고쳐 썼다. 그리고 1543년에 마침내 기념비적 저작을『천체의 회전에 관하여』이라는 이름으로 출판하게 된 것이다.

코페르니쿠스는『천체의 회전에 관하여』의 첫머리에서 지구가 우주 한가운데 고정되어 있는 것이 아니라, 태양을 중심으로 회전하는 행성이라는 개념을 과감하게 도입했다. 과학사를 연구하는 학자들은『천체의 회전에 관하여』에 대해 매우 곤혹스러워 했다. 왜냐하면 코페르니쿠스가 태양 중심의 우주라는 혁명적 이론을 언제, 왜 채택하게 되었는지를 설명해 놓지 않았기 때문이다.

1880년 무렵에 코페르니쿠스의 초기 저서인『짧은 해설서』가 두 권이나 발견되자 학자들은 매우 흥분했다. 이 작은 책이 코페르니쿠스가 어떻게 새로운 개념에 이르게 되었는지를 보여 주리라 생각되었기 때문이다.

예를 들어 코페르니쿠스는『짧은 해설서』의 시작 부분에서 프톨레마이오스의 등속 중심 개념에 대해 의문을 제기했다. 물론 나중에 출판된『천체의 회전에 관하여』에서는 이에 대한 언급이 거의 없다.

그런데 코페르니쿠스가 『짧은 해설서』에서 등속 중심 개념에 대해 문제를 제기했다는 사실이 또 다른 수수께끼를 낳았다. 중세 아랍 천문학자들이 그랬던 것처럼, 등속 중심 개념 대신에 다른 대안을 찾았다고 해서 그것이 반드시 행성들이 태양을 중심으로 회전해야 한다는 의미는 아니었다.

코페르니쿠스는 자신의 '마음에 드는' 두 가지 개념을 갖고 있었으며, 그것들이 서로 조화를 이루도록 노력했던 것 같다. 그러나 현대 학자들은 이 두 개념 사이에 어떤 연관이 있는지 곤혹스러워 하고 있다.

한 가지 개념은 등속 중심을 없애야 한다는 것이고, 다른 한 가지 개념은 태양 중심의 우주론이었다. 코페르니쿠스는 천체들의 운동이 멋진 조화를 이루는 데 두 개념이 필수적이라고 생각했음이 분명하다.

코페르니쿠스는 그 시대 대부분의 천문학자들과 마찬가지로 행성들이 투명하고 단단한 천구의 껍질에 박혀 있다고 믿었다. 16세기 철학자들은 천구의 껍질이 고체나 유체냐를 놓고 공허한 논쟁을 벌이기도 했다. 아무튼 누구도 그 껍질의 존재를 의심하지 않았다.

프톨레마이오스의 체계에 따르면, 행성을 운반하는 투명한 주전원이 천구의 두꺼운 껍질에 박혀 있었다. 푸르바흐의 『새로운 행성 이론』에는 이것을 묘사한 그림이 나온다. 그런데 프톨레마이오스의 체계에서는 원의 중심과 다른 등속 중심이라는 어떤 점이 주전원을 회전시켜야 했다.

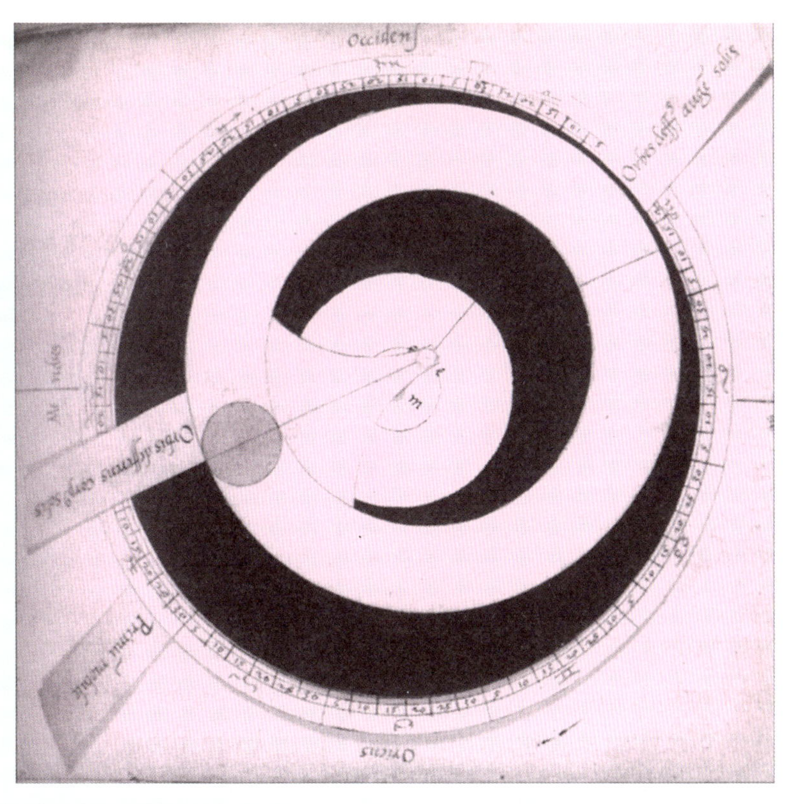

푸르바흐의 태양계 모델

푸르바흐의 그림에 따라서 제작한 태양계 모델. 두 개의 이심원들이 만드는 고리 부분을 따라서 태양이 지나가고 있다. 이와 비슷한 금성의 모델이 안쪽의 하얀 원 속에 놓이며, 화성의 모델이 가장 바깥쪽의 하얀 부분에 놓인다. 안쪽의 검은 부분은 금성과 태양의 궤도 사이의 빈 공간, 바깥쪽의 검은 부분은 태양과 화성의 궤도 사이의 빈 공간이다.

만약 주전원을 이동시키기 위하여 등속 중심이 자신의 껍질을 가지게 되면, 우주는 투명한 껍질들로 가득 차 역학적으로 매우 혼란스러운 구조가 되어 버린다.

태양을 중심에 놓기까지

코페르니쿠스는 『짧은 해설서』에서 천체 구조가 역학적으로 합리적인 모습을 갖추려면 모든 껍질들이 자신의 정확한 중심에 대해 일정한 속력으로 움직여야 한다고 주장했다. 그래서 그는 일단 레지오몬타누스가 『알마게스트의 발췌본』에서 제시한 방법에 따라 행성들의 운동을 변환한 다음에, 이들을 겹쳐서 하나의 모델로 합치려 했다. 그랬더니 투명한 껍질들이 서로 부딪치고 교차하는 문제가 생겼다. 다음 페이지에 나오는 그림은 코페르니쿠스가 화성, 목성, 토성의 궤도를 묶어 하나의 모델로 만들려 할 때 어떤 일이 일어났는지를 보여 준다.

코페르니쿠스는 태양을 움직이는 궤도 껍질과 화성 궤도 껍질이 서로 교차해서는 안 된다고 생각했다. 왜냐하면 비록 화성이 태양과 충돌하지는 않더라도 궤도 껍질들이 서로 교차한 상태에서는 행성 운동이 제대로 이루어질 수 없다고 믿었기 때문이다. 게다가 그는 물질로 된 궤도 껍질들이 서로 교차하여 지날 수 있다는 사실 자체를 의심했다.

다행히도 코페르니쿠스는 혁명적인 해답을 찾을 수 있

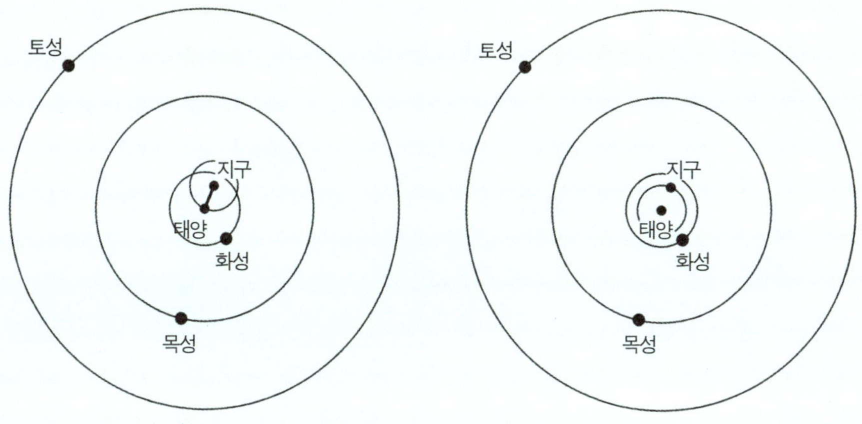

'태양 중심 체계'의 중간 단계

왼쪽 그림은 코페르니쿠스가 발전시킨 '태양 중심 체계'의 중간 단계를 보여 준다. 이 그림에서 지구는 중심에 고정되어 있고, 다른 행성들은 태양을 중심으로 회전하고 있다. 그리고 태양은 이 행성들을 거느린 채 지구를 중심으로 회전하고 있다. 그런데 화성의 궤도와 태양의 궤도가 교차하는 것이 문제이다. 수성과 금성의 궤도는 너무 작기 때문에, 이 그림에는 그리지 않았다. 오른쪽 그림은 왼쪽 그림이 혁명적인 변환을 거친 후 단순해진 모습을 보여 준다. 여기서는 지구가 아니라 태양이 고정되어 있으며, 지구는 빠르게 움직이는 하나의 행성이 되어 있다. 이제 진정한 '태양계 중심 체계'가 탄생한 것이다.

었다. 지구 대신에 태양이 중심에서 있는 모델을 가정해 본 것이다. 그리고 지구를 적당한 궤도의 껍질에다 집어 넣었다. 이때 코페르니쿠스가 『짧은 해설서』에 제시한 놀라운 제안은 다음과 같다.

궤도 껍질 중의 하나가 태양을 중심으로 지구를 운반하고 있다.

코페르니쿠스는 레지오몬타누스가 쓴 『알마게스트의 발췌본』을 공부하면서 모든 행성의 궤도 껍질이 태양을 중심으로 놓이도록 했으며, 지구도 태양을 중심으로 하는 행성 궤도에 놓이게 했다.

코페르니쿠스가 지구를 행성 궤도에 놓은 까닭은, 궤도 껍질들이 서로 교차하지 않도록 하기 위해서였다. 물론 오늘날 우리들은 그런 껍질은 공상에 불과하다는 사실을 알고 있다.

만약에 태양에서 화성까지의 거리가 태양에서 지구까지 거리의 두 배가 넘어 궤도 껍질이 교차하지 않았다면 어떻게 되었을까? 아마 코페르니쿠스는 지구를 중심에서 끌어내야 할 필요를 아예 느끼지 않았을지도 모른다. 그랬다면 천문학의 역사도 완전히 달라졌을 것이다.

태양 중심 체계를 보여 주는 그림

코페르니쿠스의 『천체의 회전에 관하여』 1권에 나오는
그림으로 태양 중심의 체계를 잘 보여 주고 있다. 태양
(Sol)은 가운데에 고정되어 있고, 지구는 달과 더불어
(Telluris cum luna) 태양을 중심으로 하나의 공전 궤도
를 따라 연주 운동을 한다.

우주에 대한 일곱 가지 새로운 관점

코페르니쿠스는 『짧은 해설서』에서 우주에 대한 새로운 관점의 기본을 이루는 일곱 개 원칙들을 제시해 놓았다. 그는 각 항목들을 순서대로 밟아 가면서, 아리스토텔레스와 프톨레마이오스의 이론으로부터 벗어난 부분을 열거해 놓았다. 처음 세 개의 원칙들은 우주의 중심을 태양 가까이로 옮기고, 달이 지구를 중심으로 회전하도록 만든 것이다. 어떤 내용인지 잠깐 살펴보자.

1. 모든 천구들에게 공통되는 하나의 중심은 존재하지 않는다.(다른 행성들은 태양을 중심으로 움직이지만, 달은 지구를 중심으로 회전하는 것으로 만들려 했다.)
2. 지구는 우주의 중심이 아니다. 지구는 무게가 향하는 중심, 달의 천구의 중심일 뿐이다.
3. 모든 천구들은 태양을 둘러싸고 있다. 그러므로 우주의 중심은 태양의 근처에 있다.
4. 태양에서 지구까지의 거리는 대천구(항성들의 천구)의 높이와 비교하면 매우 작아 감지할 수 없을 정도이다.

코페르니쿠스는 『천체의 회전에 관하여』 1권 10장 끝부분에서 다음과 같이 감탄을 토해 놓았다.

"우주가 이렇게 광대하다니, 전지전능하신 창조주의 작품임이 틀림없다!"(지구가 공전 운동을 하면, 별들을 관측해 연주 시차를 측정할 수 있어야 한다. 그런데 그 값이 너무 작아서 측정할 수 없다는 것은 우주가 그 만큼 넓다는 뜻이다.)

5. 대천구의 겉보기 운동은 실제 운동이 아니라, 지구의 운동에 의해 생긴 결과이다. 지구는 고정된 극을 회전축으로 삼아 자전하며, 하늘 가장 높은 곳에 있는 항성들의 대천구는 움직이지 않고 가만히 있다.(전체 하늘이 24시간에 한 번 겉보기 회전하는 것을 설명하기 위해 코페르니쿠스는 지구가 회전축을 중심으로 하루에 한 번 자전한다고 가정했다.)

6. 태양의 겉보기 운동은 실제 태양의 운동이 아니다. 지구와 지구의 궤도 껍질의 운동으로부터 나온 것이다. 즉, 지구는 다른 행성들과 마찬가지로 태양을 중심으로 회전하고 있다. 그러므로 지구는 적어도 두 가지 운동을 하고 있다.(지구가 일주 자전 운동에 덧붙여서, 연주 공전 운동을 한다는 뜻이다.)

7. 행성의 역행 운동은 실제 운동이 아니다. 그것은 지구의 운동 때문에 그렇게 보이는 것이다. 그러므로 지구의 운동만으로도 하늘에서 볼 수 있는 많은 불규칙한 현상들을 설명할 수 있다.(다음 페이지에 나오는 화성의 그림이 이것을 보여 준다. 지구가 화성을 추월하자 지구에서 화성으로 그은 시선이 뒤로 움직이는 것처럼 보인다.)

코페르니쿠스는 역행 운동에 대한 설명을 매우 중요시했다. 왜냐하면 『천체의 회전에 관하여』에서 태양 중심의 체계를 뒷받침하는 두 가지 중요한 근거 중 하나로 역행

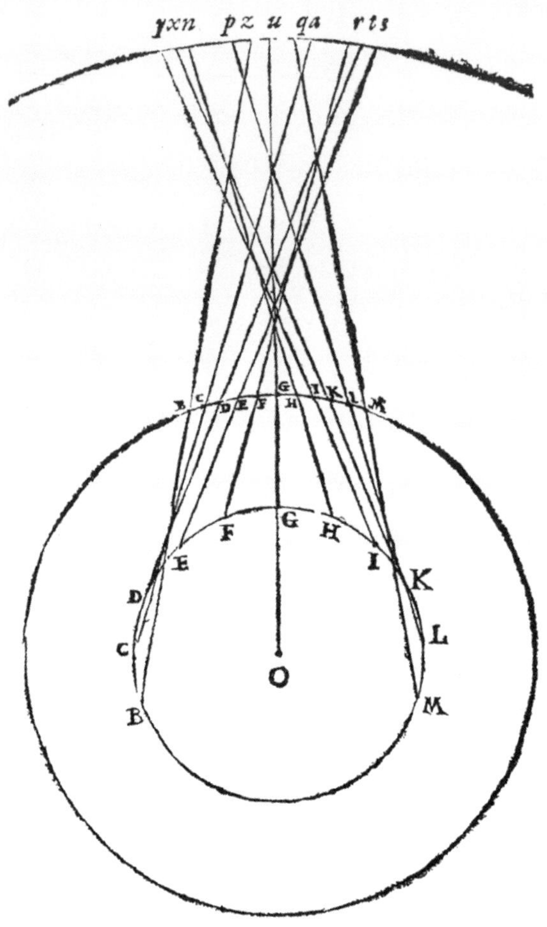

행성의 역행 운동을 보여 주는 그림

갈릴레오의 『대화』에 나오는 그림이다. 태양 중심의 체계에서는 행성의 역행 운동이 자연스럽게 일어남을 보여 준다. 안쪽 원에 있는 지구는 더 빨리 움직이고, 바깥쪽 원에 있는 화성은 약간 느리게 움직인다. 이 그림에서 가장 위쪽의 호는 별들의 천구를 나타낸다. 지구에서 화성을 보았을 때, 그 시선이 위쪽의 호와 만나는 지점은 별들을 배경으로 한 화성의 위치를 나타낸다. 지구의 위치가 B, C, D, E로 이동할 때, 화성은 별들을 배경으로 하여 순행하는 것으로 보인다. 그러나 지구의 위치가 F, G, H로 이동하며 화성을 추월하자 화성은 별들을 배경으로 하여 반대 방향으로 움직이는 것처럼 보인다.

운동을 사용했기 때문이다. 그는 겉보기에는 매우 불규칙한 이 운동이 지구의 운동에 따른 자연스러운 결과라고 설명하면서 태양 중심설의 근거로 삼았다.

역행 운동의 이유를 밝히다

코페르니쿠스에게는 이제 프톨레마이오스의 주전원이 필요 없게 되었다. 프톨레마이오스의 체계에서와 마찬가지로, 코페르니쿠스의 체계에서도 행성들은 역행을 했다. 왜냐하면 코페르니쿠스가 행한 모든 기하학적 변환에서, 지구에서 행성으로 그은 시선은 일정한 각을 계속 유지했기 때문이다. 이때 코페르니쿠스는 역행 운동이 우리가 지구라는 우주선을 타고 움직이면서 화성을 관찰하기 때문에 생겨난 겉보기 운동임을 알고 흡족했을 것이다.

코페르니쿠스는 세 개의 외행성에 대한 자신의 모델을 이용해 역행 운동을 다음과 같이 설명했다.

행성은 가끔 역행하기도 하고, 제자리에 머물러 있기도 한다. 이것은 행성의 운동 때문이 아니라, 지구의 운동으로 황도 상에서 지구의 위치가 바뀌기 때문에 생기는 현상이다. 지구가 행성을 앞질러 운동하게 되면, 지구에서 행성으로 그은 시선을 나타내는 직선이 뒤로 움직인다. 이때 지구의 속력은 행성의 운동을 상쇄하고도 남는다. 이런 역행 운동은 지구가 그 행성에 가장 가까이 갔을 때 절정에 이른다.

예를 들어 오늘날 고속도로에서 두 차가 나란히 달리고 있다고 생각해 보자. 속력이 빠른 차가 느린 차를 따라 잡아 추월하면, 빠른 차의 운전자가 보기에 느린 차는 멀리 있는 경치를 배경으로 잠시 뒤로 움직이는 것처럼 보인다. 지구가 2년에 한 번 정도 화성을 추월할 때 볼 수 있는 현상이 바로 이것이다.

화성의 역행 운동에 대한 코페르니쿠스의 또 다른 설명을 읽어 보자.

그러나 시선을 나타내는 직선이 행성의 운동과 반대 방향으로, 행성과 같은 속력으로 움직일 때, 그 행성은 가만히 정지해 있는 것처럼 보인다. 왜냐하면 방향이 반대인 두 운동들이 서로를 상쇄하기 때문이다. 이 현상은 지구를 기준으로 하여 태양과 행성이 약 120도 각도를 이룰 때 나타나는 것이 보통이다. 외행성이 움직이는 궤도가 작으면 작을수록, 역행 운동은 더욱 크게 나타난다. 그러므로 지구 궤도의 반지름과 외행성 궤도의 반지름의 비율에 따라서 역행 운동의 규모도 달라진다. 화성의 역행이 가장 크게 나타나고, 목성은 그에 비해 작게 나타나며, 토성은 가장 작게 나타난다.

코페르니쿠스의 태양 중심 배열은 역행 운동이라는 수수께끼를 자연스럽고 논리적으로 설명해 준다. 거기에 덧붙여 토성, 목성, 화성의 역행 운동이 일어나는 정도가 서로 다른 이유도 밝혀 준다.

행성들의 공전 주기에서 발견한 규칙성

코페르니쿠스는 모든 행성들을 태양 중심의 궤도에다 놓은 후 또 하나의 새로운 주장을 펼쳤다. 태양으로부터 각 행성들까지의 거리가 멀어질수록 공전 주기도 길어진다는 것이다. 코페르니쿠스의 계산에 따르면, 수성은 태양을 중심으로 가장 작은 궤도를 그리며 가장 빨리 움직인다. 반면에 가장 큰 궤도를 그리며 운동하는 토성은 가장 느리게 움직인다. 그리고 지구는 주기가 365일이니, 자연스럽게 주기가 225일인 금성과 687일인 화성 사이에 놓이게 된다.

	태양으로부터의 거리(천문 단위)	공전 주기
수성	0.39	88일
금성	0.72	225일
지구	1.00	365일(1년)
화성	1.52	687일(거의 2년)
목성	5.2	12년
토성	9.5	30년

그런데 궤도의 크기와 공전 주기 사이의 조화로운 관계에 대한 코페르니쿠스의 주장은 회의론자들을 설득시키기에 충분했을까? 오늘날에도 혁신적인 사상을 펼치는 사람은 자신의 주장이 받아들여지기까지 험난한 고생길을 헤쳐 나가는 경우가 많다. 500년 전, 코페르니쿠스의 앞에

천문 단위

천체들의 거리를 나타내는 데 사용하는 단위. 1 천문 단위는 1억 4,598만 킬로미터로서, 지구에서 태양까지의 평균 거리이다. 태양계 내 행성들 사이의 거리를 나타낼 때 주로 쓰인다.

펼쳐진 길도 마찬가지였다.

이어지는 새로운 발견들

당시 거의 모든 사람들은 지구가 우주의 한가운데에 가만히 정지해 있다고 믿었다. 이런 믿음은 천 년이 넘는 시간 동안 유럽인들의 정신에 족쇄를 채우고 있던 전통적인 우주론에서 비롯된 것이다.

코페르니쿠스에게는 그런 전통을 부수어야 한다는 확신이 없었다. 심지어는 스스로도 자신의 새 이론을 그대로 받아들이기가 힘들었다. 그때까지 배워온 세계관을 버리는 일은 그 만큼 쉽지 않았다.

코페르니쿠스는 일단 자기 자신부터 태양 중심의 체계를 제대로 이해하기 위해 지구와 달을 포함한 모든 행성들의 기하학적 모델을 세심하게 만들었다. 그는 레지오몬타누스의 『알마게스트의 발췌본』과 『알폰소표』에 나오는 자료들을 이용해 자신의 모델에 사용할 여러 가지 수치를 채택했다. 『알폰소표』는 13세기에 만들어진 프톨레마이오스식 천문학 표였다. 코페르니쿠스는 크라쿠프에서 대학을 다니던 시절에 이 표를 손에 넣었다.

코페르니쿠스는 이런 자료들을 참고로 새로운 천체 모델을 만들다가 또 하나의 중요한 발견을 했다. 그것은 프톨레마이오스가 달이 보이는 위치를 정확하게 구하기 위해, 지구에서 달까지의 거리가 그때그때 달라지는 것으로 가정하고 있다는 점이다.

지구의 중심에서 달까지의 거리는 지구 반지름의 약 60배이다. 그런데 프톨레마이오스의 모델에 따르면, 한 달 중 어느 때에는 이 거리가 지구 반지름의 34배 정도에 불과했다. 만약에 달이 실제로 그렇게 지구 가까이로 다가오면, 달의 겉보기 크기는 평소에 비해 거의 두 배가 되어야 한다. 그러나 달의 겉보기 크기는 (거의) 아무런 변화가 없다.

코페르니쿠스는 달의 모델을 새롭게 수정했다. 그는 이 과정에서 아랍 천문학자들이 여러 해 전에 개량한 이론을 자신도 모르게 사용했을 것이다. 코페르니쿠스가 이탈리아에서 공부할 당시에 아랍 천문학자들의 모델을 배운 적이 있는 것은 아닐까? 아니면 그가 독립적으로 새로운 모델을 세우게 된 것일까? 이것은 여전히 풀 길 없는 수수께끼이다.

1515년에 역사상 처음으로, 프톨레마이오스의 『알마게스트』의 전체 내용이 인쇄되어 나왔다. 어쩌면 코페르니쿠스는 『알마게스트의 발췌본』과 원본 사이의 차이점을 발견하고 놀랐을 것이다. 어쨌든 『알마게스트』의 출판은 코페르니쿠스의 저술 작업에 큰 영향을 끼쳤다. 그는 새롭게 인쇄되어 나온 책에서, 태양, 달, 행성들의 위치를 계산하는 여러 가지 표들을 발견했다. 그 책에 나온 별들의 목록에는 천 개가 넘는 별들의 위치가 수록되어 있었다.

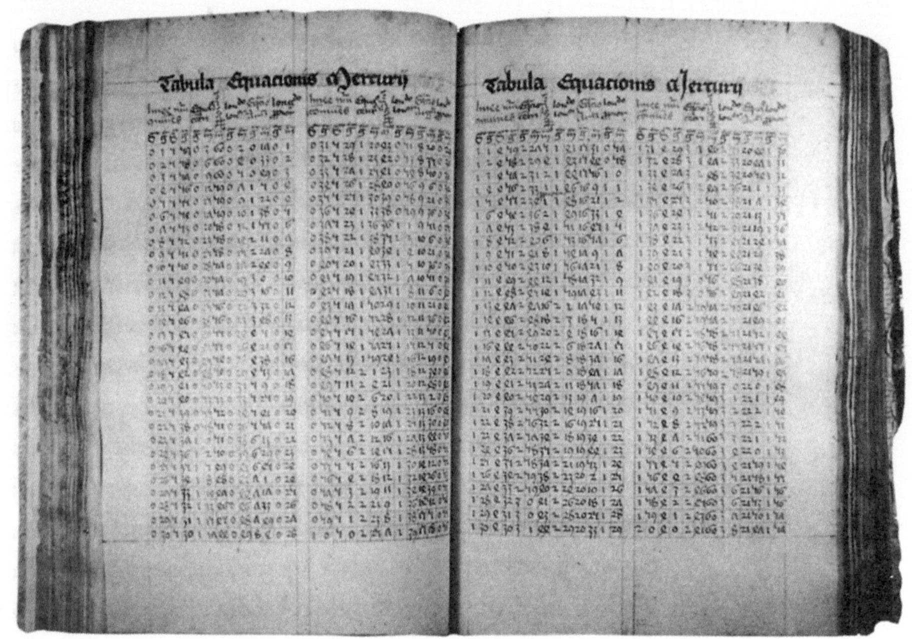

『알폰소표』

『알폰소표』는 1300년 무렵에 만든 것이다. 이 책의 소유
자는 수성의 속력이 일정하지 않아 생긴 오차를 바로잡
기 위해 교정된 계산법을 적어 놓았다.

가야 할 길이 보이다

코페르니쿠스의 『짧은 해설서』는 푸르바흐가 쓴 짧은 책인 『새로운 행성 이론』과 비슷한 방식으로 구성되어 있다. 그런데 이제 코페르니쿠스는 자신의 태양 중심 체계가 고대 프톨레마이오스의 체계와 경쟁하려면, 별들의 목록과 표를 제시해야 함을 깨달았다. 다시 말해 그는 최근에 쓴 『짧은 해설서』와는 비교조차 하기 힘들 정도로 매우 복잡한 책을 쓰게 된 것이다.

이제 코페르니쿠스는 자신의 책이 프톨레마이오스의 『알마게스트』를 완전히 다시 쓴 것이어야 한다고 생각했다. 프톨레마이오스가 사용한 원시적인 삼각법을 아랍 수학자들이 발전시켜 놓은 근대적 삼각법으로 바꿀 필요도 있었다. 만약 그렇게 한다면, 태양을 중심에 놓고 지구를 하나의 행성으로 만들었을 때 천체들의 운동을 정확하게 예언할 수 있다. 그리고 행성들의 운동을 기술하는 데 필요한 모든 수치들도 한 번 더 확인해야 했었다. 결국 새로운 천체 관측이 필요했다.

코페르니쿠스는 확신에 찬 어조로 『짧은 해설서』를 다음과 같이 마무리지었다.

"수성은 모두 합쳐 7개의 원들을 사용해 움직인다. 금성은 5개의 원, 지구는 3개의 원, 지구의 둘레를 회전하는 달은 4개의 원, 화성, 목성, 토성은 각각 5개의 원이 있으면 된다. 그러니 모두 합쳐 34개의 원을 사용해 전체 우주의 구조와 모든 행성들의 움직임을 설명할 수 있다.”

코페르니쿠스의 이론대로라면 여섯 개의 행성들과 달의 공전을 위해 7개의 원이 필요했다. 나머지 27개의 원은 기타 여러 가지 운동을 설명하기 위해서 쓰였다. 지구의 자전을 설명하기 위해서는 주전원이 한 개 필요했으며, 오랜 기간에 걸친 지구의 자전축 변화(세차 운동)를 설명하기 위해서는 또 하나의 원이 필요했다. 나머지 다섯 개의 행성들과 달에 대해서는 프톨레마이오스의 등속 중심 개념을 대체하기 위해 주전원과 그에 딸린 작은 주전원이 필요했다. 또 다섯 개의 행성들은 그 궤도 평면의 작은 변화를 설명하기 위해 한 쌍의 작은 주전원이 필요했다. 수성의 움직임은 더욱 복잡하기 때문에, 또 다른 한 쌍의 주전원이 필요했다. 이처럼 코페르니쿠스는 모두 합쳐 34개의 원을 사용해 실제 관측 결과와 정확하게 일치하는 행성 운동의 모델을 만들었다고 확신했다.

코페르니쿠스는 지구를 하나의 행성으로 만들어 '태양 중심 체계'를 창조했다. 프톨레마이오스가 제시한 여러 가지 행성들의 운동 체계는 하나의 이론으로 통합되지 못했던 데 비해, 코페르니쿠스의 이론은 일관성 있는 하나의 체계였다. 그러나 행성들의 실제 운동은 일정한 속력의 원운동이 아니기 때문에, 코페르니쿠스는 자신의 모델이 행성들의 관측 결과와 일치하도록 하기 위해 27개의 주전원을 더 만들어야 했다.

코페르니쿠스는 27개의 주전원에 대해 그 중심의 위치,

세차 운동
지구의 자전축이 마치 팽이처럼 회전하는 운동. 주기는 25,800년이며, 그 때문에 천구에서 북극의 위치가 달라진다. 세차 운동이 생기는 원인은 지구의 적도 부분이 불룩하기 때문이다.

반지름의 길이, 그리고 회전 속력을 명시할 수 있어야 했다. 그는 100개가 넘는 이 값들을 정확하게 구하기 위해 2천여 년 이상에 걸친 관측 자료들을 참고하여 정리했다.

코페르니쿠스는 이것이 엄청나게 어려운 과제라는 걸 잘 알았다. 하지만 그는 관측과 계산을 하고, 자신의 모델과 비교하면서 20년 이상의 세월 동안 모든 여가 시간을 이 작업에 쏟아 부었다. 그는 바르미아 참사회의 위원이자 의사로서 바쁘게 활동했으니, 여가 시간이 그리 많지는 않았을 것이다.

시차: 기하학을 사용하여 거리를 구함

프톨레마이오스와 코페르니쿠스는 지구의 크기에 비해 하늘의 크기가 엄청나게 광대하다는 사실에 동의했다. 항성들의 천구와 비교했을 때 지구는 하나의 점에 불과하다. 따라서 지구의 어떤 위치에서 하늘을 쳐다보든 똑같은 모습으로 보인다. 천체들 중 유일한 예외는 달이다. 달은 지구와 매우 가까이에 있기 때문에, 관측자가 지구의 어디에 있느냐에 따라 약간 다르게 보인다.

고대 그리스의 천문학자들은 지구의 그림자가 달을 덮는 월식 현상을 이용해 달까지의 거리가 지구 반지름의 약 60배임을 계산해 냈다. 다음 그림에 나오는 것처럼, 적도에 있는 관측자가 수직으로 위에 있는 달을 관측하는 경우와, 북극에 있는 관측자가 지평선 가까이에 있는 달을 관측하는 경우, 별들을 배경으로 달의 위치가 약간 다르게 관측된다.

이와 마찬가지로 지구의 어느 한 지점에서 달을 관측하더라도, 같은 날 밤 달이 중천에 떠 있을 때와 달이 질 때에는 그 위치가 다르게 관측된다. 이런 현상의 원인은 지구가 자전함에 따라 관측자의 위치가 달라지기 때문이다. 이런 차이를 '일주 시차' 라 부른다.

일주 시차를 계산하는 일은 약간 까다롭다. 왜냐하면 달이 중천에 떠 있다가 지평선으로 질 때까지는 몇 시간 동안 달의 공전에 따른 위치 변화도 고려해

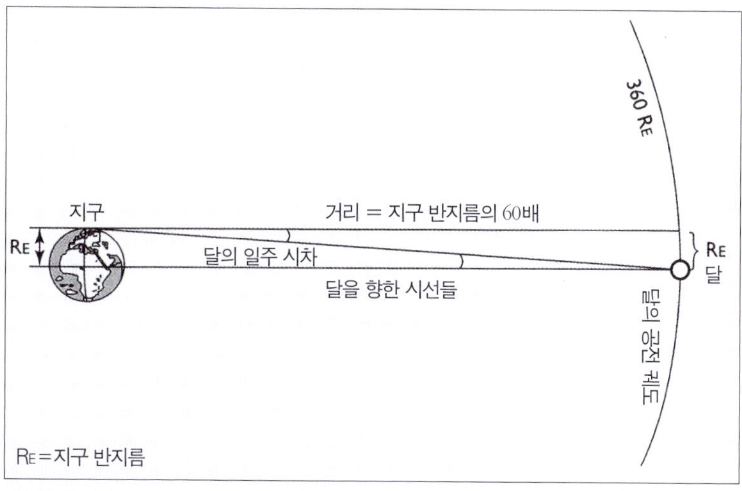

달의 일주 시차

지구에서 달까지의 거리는 지구 반지름 의 60배이다. 그러므로 달의 궤도(오른쪽의 호가 궤도의 일부분이다.) 둘레 길이는 지구 반지름의 약 360배이다. 만약에 달이 굉장히 멀리 있다면, 적도에서 달을 보는 시선과 북극에서 달을 보는 시선들은 서로 평행선이 될 것이다. 그러나 달은 아주 가까이에 있기 때문에, 북극에서 달을 바라본 시선은 약간 아래로 처지게 된다. 달의 궤도에서 이 거리 변화는 지구의 반지름과 같다. 따라서 둘레 길이의 360분의 1, 즉 1도이다.

야 하기 때문이다. 그러나 달의 공전 운동을 고려해 빼 주어도 일주 시차는 상당히 크게 남는다. 이러한 겉보기 위치 변화의 크기는 다음과 같이 대략 계산해 볼 수 있다.

지구 반지름의 60배(지구에서 달까지의 거리)를 반지름(R)으로 잡고, 지구를 중심으로 하여 원을 그리자. 그러면 이 원의 둘레 길이는 $2\pi R = 2\pi 60$이니, 지구 반지름에 비해 약 360배가(이때 π를 대략 3이라 놓자.) 된다. 그런데 원둘레는 각도로서 360도이니, 달의 공전 궤도에서 지구 반지름 길이의 호는 중심각(지

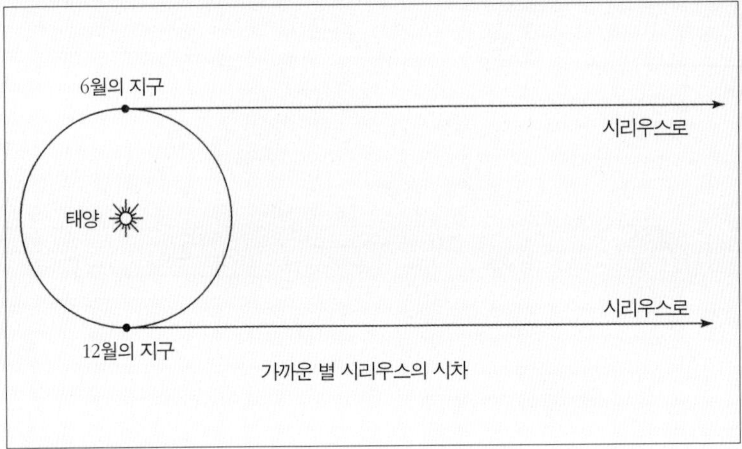

관찰하기 어려운 일주 시차

지구에서 시리우스를 향해 그은 이 두 직선들은 서로 평행해 보인다. 그러나 이들은 지구에서 태양까지 거리의 550,000배인 지점에서 서로 만나게 된다. 이 책에 그려 놓은 그림의 축척대로라면, 이 직선들은 10킬로미터 거리에서 서로 만나게 된다! 이 두 직선들이 만드는 각의 크기는 5,000분의 1도이다. 이렇게 작은 각을 측정할 수 있는 기술은 1830년 이후에야 개발되었다.

구에서 보았을 때의 각)의 크기가 대략 1도가 된다. 그러므로 별들을 배경으로 하여 달의 위치는, 중천에 떠 있을 때와 지평선으로 넘어갈 때의 차이가 대략 1도가 된다.

이것이 일주 시차이며, 이와 비슷한 기하학적 도구로서 '연주 시차' 가 있다. 연주 시차는 밑변의 길이가 훨씬 더 길기 때문에, 훨씬 더 먼 거리를 측정하는 데 사용된다. 연주 시차는 지구가 태양을 중심으로 공전하는 궤도를 삼각형의 밑변으로 사용하기 때문에, 태양계 바깥에 있는 별까지의 거리를 측정하는 데 쓰인다.

지구가 정말 태양의 둘레를 공전한다면, 무언가 관측할 수 있는 변화가 있을 것이다. 하지만 코페르니쿠스는 그 변화를 관측할 수 없다고 주장했다. 왜냐하면 별까지의 거리가 너무 멀기 때문이다. 오늘날 우리들은 코페르니쿠스의 주장이 옳다는 것을 알고 있다. 가장 밝은 별인 시리우스의 연주 시차는 지구에서 5킬로미터 떨어져 있는 10원짜리 동전을 관찰했을 때 생기는 각의 크기 차이를 측정하는 것과 같다! 그런데 이처럼 연주 시차를 쉽게 관찰할 수 없다는 사실 때문에 오랜 세월 동안 사람들은 태양 중심 체계를 받아들일 수 없었던 것이다.

17세기 말에 이르러서야 극소수 전문가들이 별들까지 거리가 매우 멀다는 사실을 제대로 이해하기 시작했다. 아이작 뉴턴은 시리우스의 밝기를 태양과 비교한 뒤 그 별이 태양까지 거리의 25,000배나 먼 곳에 있다고 추정했다. 그런데 시리우스는 실제로 그보다 22배나 더 멀리에 있다! 가까운 별들의 시차를 측정하려는 노력은 계속 실패로 끝났다. 즉, 지구가 태양 둘레를 공전함에 따라서 생기는 미세한 변화를 누구도 측정하기 힘들었기 때문이다.

그러다가 마침내 1838년에, 독일의 천문학자 빌헬름 베셀이 백조자리의 어떤 별을 관찰하여 연주 시차를 측정하는 데 성공했다. 그 별은 백조자리 61번별이라 부른다. 그 별의 거리는 태양 거리의 660,000배이며, 연주 시차에서 보이는 위치 변화는 6,000분의 1도이다. 그 당시 다른 두 명의 천문학자들도 연주 시차를 관측했다는 사실이 나중에 밝혀졌다. 하지만 코페르니쿠스 체계를 세계 최초로 증명하는 어려운 과업을 이루는 데 결정적인 역할을 한 것은 베셀의 꼼꼼한 관측이었다.

성직자와 천문학자

7

■ **중세 유럽의 소작농**

코페르니쿠스는 참사회 위원으로서 교회의 부동산을 소작농들에게 임대해 주고, 임대료를 거두는 일을 했다.

프 롬보르크의 교회로 부임했을 때, 코페르니쿠스는
방어용 성벽의 한 탑에 머물렀다. 그가 주거하며
업무를 보는 공간은 삼 층으로 되어 있었다. 각 층의 넓이
는 약 15평 정도였다. 꼭대기 층에는 몇 개의 창이 있었고,
발코니로 통하는 문도 있었다. 그러나 발코니에서 사방을
관측할 수는 없었다.

꾸준한 관찰과 기록

코페르니쿠스는 1513년 4월에 참사회 재무과에게 전망
대를 만드는 데 필요한 벽돌과 석회의 비용을 지불하도록
했다. 전망대는 코페르니쿠스의 거처와 가까운 곳에 있었
다. 그는 전망대에다 하늘을 관측하는 데 필요한 도구들을
설치했다. 이에 대한 기록은 다음과 같이 남아 있다.

1513년 4월: 니콜라우스 박사는 참사회 재무과를 통해 교회
의 건물 보수에 사용된 벽돌 800개, 염화 석회 한 통의 비용
을 지불하게 했다.

그때는 망원경이 발명되기 전이라 모든 관측 도구들은
맨눈으로 보는 것이었다. 코페르니쿠스는 마치 거대한 각
도기처럼 나무로 만든 평판에다 각도를 표시해 놓은 것과,
눈금을 새겨 놓은 여러 개의 대형 삼각자들을 관측 도구로
썼다. 그의 글에는 눈금을 새겨 놓은 여러 개의 금속 고리

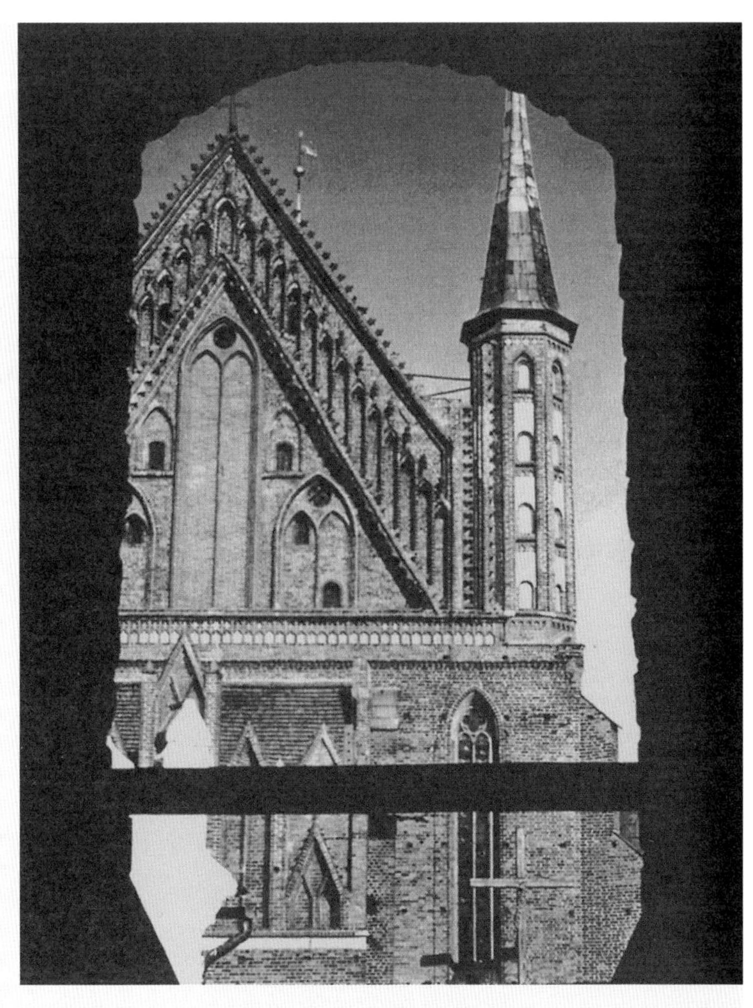

코페르니쿠스의 방

코페르니쿠스가 거주한 곳은 프롬보르크 성벽의 탑이었
다. 코페르니쿠스가 쓰던 방의 창으로 내다보면, 프롬보
르크 교회의 본당이 보인다. 코페르니쿠스는 이 방에서
『천체의 회전에 관하여』를 썼다.

로 구성된 천구의가 묘사되어 있지만, 실제로 이런 천구의를 갖고 있었는지는 알 수 없다.

코페르니쿠스는 전망대에서 일식과 월식을 관측했고, 태양과 행성들의 위치를 측정했다. 그는 이렇게 해서 프톨레마이오스의 천체 모델을 개정하는 데 필요한 여러 가지 수치 자료를 모았다.

그 후 20년의 세월 동안 코페르니쿠스는 수백 번의 관측을 했을 것이다. 하지만 현재 40개 정도의 기록만이 남아 있다. 그는 이 자료들 중 27개를 『천체의 회전에 관하여』에서 사용했다. 그가 이것들을 사용한 주된 목적은, 프톨레마이오스가 행성들의 운동을 설명할 때 사용한 수치들이 맞는지 확인하기 위해서였다. 예를 들어 그는 주전원의 상대적 크기와 행성들이 지구에 가장 가까이 근접하는 방향 등을 확인했다. 그리고 자신이 측정한 수치 자료들을 바탕으로 프톨레마이오스가 남겨 놓은 행성 운행의 시계를 다시 맞추었다.

성직자로서 최선을 다하다

코페르니쿠스는 바르미아 참사회 위원으로서의 업무를 수행하면서, 관측과 계산을 위해 짬짬이 시간을 냈다. 그리고 30년이 넘는 세월 동안, 성직자로서의 업무에도 충실했다. 그는 부지런하고 성실한 참사회 위원이었다.

코페르니쿠스는 프롬보르크로 부임한 지 1년이 될 무렵, 참사회의 고문으로 선출되었다. 이제 그는 참사회의 업무

수행에 필요한 서류와 문서들을 작성하는 책임을 지게 되었다. 그리고 참사회의 재정 거래도 관리해야 했다. 1511년부터 1513년까지의 3년 동안, 그의 주된 임무는 이것이었다.

참사회의 임무 중의 하나는 프롬보르크 시의 법과 질서를 유지하는 것이다. 1514년에 참사회는 술집들의 맥주 면허를 갱신했으며, 하인들을 보호하기 위한 법령을 제정했다. 그리고 사람들이 밤중에 무기를 지니고 길거리를 다니는 것을 금지하려고 했다.

코페르니쿠스의 외삼촌인 바첸로데 대주교는 1512년 3월 29일에 사망했다. 참사회는 바첸로데의 뒤를 이을 위원을 선출했다. 선출된 사람은 파비안 루찬스키였다. 그는 볼로냐 대학에서 코페르니쿠스와 같이 공부했던 동료였다.

폴란드 국왕 시기스문트 1세는 참사회 위원들끼리 루찬스키를 대주교로 선출한 것에 불만을 품고 승인하지 않았다. 결국 참사회는 여러 달 동안 대주교의 임명 조건을 놓고서 국왕과 협상을 해야 했다.

마침내 1512년 12월에, 양측은 국왕이 최종 결정권을 갖고 있다는 것에 동의했다. 참사회 위원들은 그 동의안에 서명했는데, 그에 따르면 바르미아 참사회의 위원들과 대주교는 폴란드 국왕에게 충성을 서약해야 했다. 국왕은 매우 흡족해하며, 루찬스키를 대주교로 인정해 주었다.

한편, 바르미아 동쪽에 있는 게르만 기사단은 참사회가 관할하는 영지에 대해 끊임없이 약탈 행위를 했다. 약탈이 점점 잦아지자 참사회는 폴란드 국왕에게 보호를 요청했다. 1516년에 위기는 고조되었다. 참사회는 절망에 빠져 국왕에게 다음과 같이 탄원했다.

지난 7년 동안, 바르미아의 주민들은 게르만 기사단이 뒤에서 사주하는 약탈과 강도짓에 시달려 왔습니다. 왕립 프러시아 영지에서 열린 지난 번 회담의 권고 사항에 따라, 참사회는 저항하기 시작했습니다. 2주 전에 강도들이 엘브라그 시민을 공격해 그의 손목을 잘랐을 때, 우리는 소수의 군대를 게르만 기사단의 프러시아 영지 속으로 파병해, 강도들 중 한 명을 체포했습니다. 그 강도는 귀족 신분이었으며, 우리는 그의 장물을 압수했습니다. 그의 무기, 말들도 압수된 상태입니다. 그런데 게르만 기사단의 대장은 그를 풀어 줄 것을 요구했습니다. 강도들은 점점 더 대담하게 악행을 저지르고 있습니다. 저희 참사회는 국왕 폐하께서 바르미아 주민들을 보호해 달라고 간곡하게 탄원을 드립니다.

폴란드 국왕은 이 탄원서를 보고, 게르만 기사단의 대사를 불러 공격을 중단하라고 요구했다. 그러나 게르만 기사단의 대사는 그들의 행위를 부인했다. 그렇지만 이 문제를 기사단의 대장에게 보고하겠다고는 했다. 폴란드 국왕은 만약 상황이 개선되지 않으면 강력한 조치가 뒤따를 것이라고 경고했다. 그러나 상황은 나아질 기미가 없었다.

천문학자로서 인정받기 시작하다

그 동안에도 코페르니쿠스는 천문학 연구를 계속했다. 1515년에, 그의 천문학 연구가 잠시나마 인정을 받는 일이 일어났다. 당시 교황청 심의회는 달력을 개정하려고 하고 있었다. 그때 사용하던 달력은 율리우스 카이사르 시대부터 사용해 오던 율리우스력이었다. 이 달력은 1년의 길이를 365.25일로 가정해, 4년에 한 번씩 윤년을 넣고 있었다. 그러나 1년의 실제 길이는 365.25일보다 약간 짧기 때문에, 부활절이 점점 더 여름철을 향해 가는 문제가 있었다.

교황 레오 10세는 '명성이 높은 모든 신학자들과 천문학자들에게' 도움을 요청하는 포고문을 발표했다. 네덜란드의 저명한 수학자 폴은 코페르니쿠스에게 특별히 도움을 요청했다. 이때 폴이 정리한 응답자들의 명단에는 코페르니쿠스의 이름도 포함되어 있다. 하지만 안타깝게도 코페르니쿠스가 응답한 내용은 현재 사라지고 없다. 따라서 그의 의견이 무엇이었는지 알 수가 없다. 코페르니쿠스는『천체의 회전에 관하여』1권에서 이 문제에 대해 언급하기는 했다. 그는 태양과 달의 운동에 대한 충분한 지식이 없었기 때문에, 달력을 만족스럽게 개정할 수 없다고 쓰고 있다.

사실, 달력 개정 문제는 1582년에 비로소 해결되었다. 교황청은 연수가 100으로 나누어지지 않고 4로 나누어지는 해 96회와 100과 400으로 나누어지는 해 1회를 합하여

율리우스 카이사르

(BC 100~BC 44)
고대 로마 공화정 말기의 정치가이자 장군이다. 많은 전쟁을 승리로 이끌어 로마 제국의 영토를 확장했으며, 집정관으로서 로마 제국을 통치하여 제국의 안정과 번영에 크게 기여했다.

율리우스력

율리우스 카이사르가 BC46년에 태양력의 시초로서 만든 것이다. 평년을 365일, 4년에 1회씩 윤년으로 366일로 했다.

400년간 97회의 윤년을 두도록 하는 그레고리력을 시행했다. 이로써 1년의 길이는 365.2425일이 되었고, 정확한 값인 365.24219일에 훨씬 더 가까워졌다. 예를 들어 2000년, 2400년은 윤년이지만, 1700년, 1800년, 1900년, 2100년, 2200년, 2300년은 윤년이 아니다.

소작농 문제에 대한 유연한 대처

1516년에 코페르니쿠스는 바르미아 참사회의 영토를 관리할 임무를 맡았다. 그는 바르미아 곳곳을 돌아다니며, 소작료를 징수하고 임대 계약을 작성해야 했다. 그는 3년 동안 이 임무를 수행했으며, 1521년에 다시 이 일을 맡았다. 이 기간 동안, 코페르니쿠스는 바르미아 참사회의 행정청이 있는 올츠틴에서 기거한 적이 많았다. 그곳은 참사회 소유의 영토가 많은 곳이었다.

코페르니쿠스가 작성한 임대 계약서들을 보면, 그 시대 소작농의 생활상을 엿볼 수 있다. 농토는 약 8천 평 정도를 한 필지로 해 구획되어 있었다. 소작농들은 임대료를 지불해야 했고, 교회를 위해 일할 의무도 있었다. 사실 당시 소작농의 신분은 노예에 가까웠다. 그래서 그들은 더 나은 삶을 찾아 도시로 도망가는 경우가 흔했다. 바르미아의 어떤 지역은 1,600필지 정도의 농토가 있었는데, 400필지나 되는 농토가 소작농이 없어 땅을 놀리는 형편이었다.

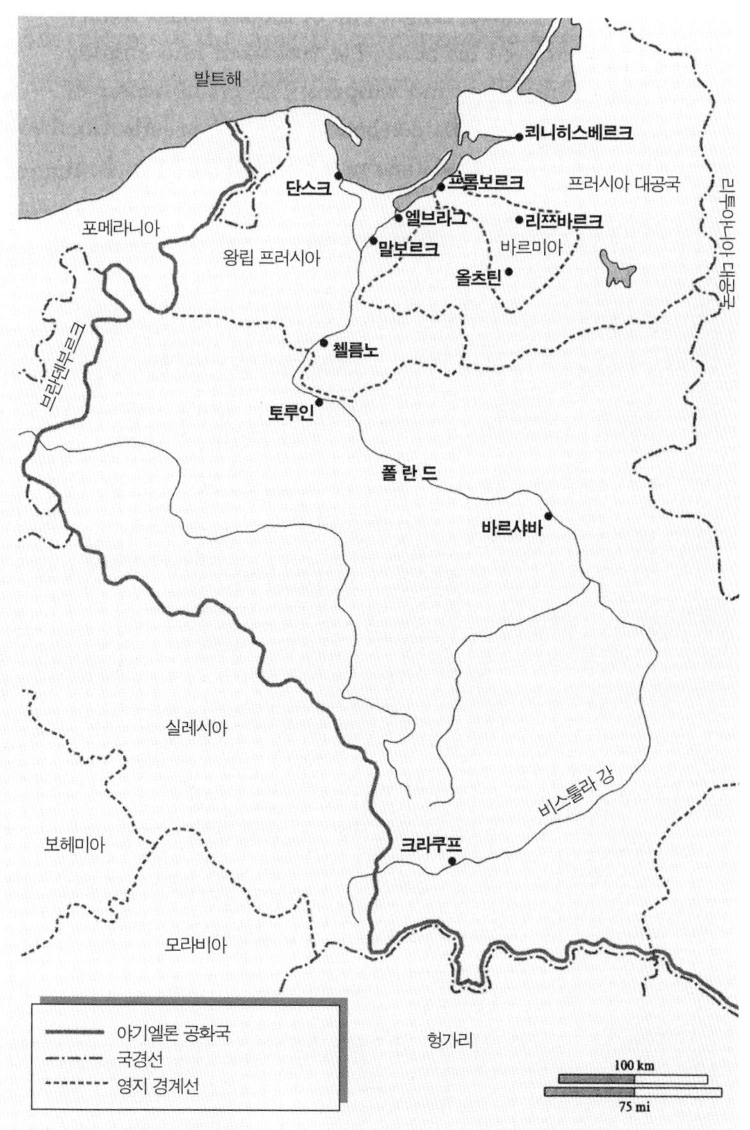

16세기의 폴란드

바르미아는 폴란드에서 가장 북쪽 영지였으며, 코페르
니쿠스는 바르미아 참사회 위원으로 활동했다. 바르미
아는 게르만 기사단의 영지로 둘러싸여 있었다. 이 지도
에는 1526년 무렵 영지 경계선들이 나와 있다.

1517년 5월에, 코페르니쿠스는 빈디카 마을의 얀이라는 소작농에게 임대 계약서를 작성해 주었다. 얀은 삼촌으로 부터 땅을 넘겨 받고 있었다. 계약서에 따르면, 그 농지는 넓이가 4필지이고, '말 4마리, 망아지 1마리, 돼지 6마리, 돼지다리 1개, 호밀 1부대, 밀가루 1부대, 콩 $\frac{1}{2}$부대, 보리 4부대, 귀리 5부대, 가마솥 1개, 마차 1대, 쇠로 만든 쟁기들, 도끼 1개, 수확낫 1개'를 넘겨 받는 것으로 되어 있었다.

1521년 5월에 작성한 다음과 같은 임대 계약서를 보면, 소작농의 삶을 살짝 엿볼 수 있다.

레세르 클레베르그 마을의 메르텐은 다섯 명의 아들을 둔 아버지이며, 현재 $1\frac{1}{2}$ 필지의 농지를 경작하고 있다. 그는 자신의 농지가 너무 부족하다고 탄원했다. 그러므로 그가 니클리스 루세로부터 $1\frac{1}{2}$ 필지를 추가로 양도받는 것을 허락한다. 니클리스는 미셰르로부터 이미 2필지를 양도받은 바 있다. 미셰르는 아들들과 아내를 잃었으며, 매우 늙고 병들어 농사를 지을 수 없다.

형편이 좀 나은 소작농들도 있기는 했다. 그들은 감독관인 코페르니쿠스와 협상해서 부담을 줄이려 했다. 기록에 따르면, 1519년에 보펜 마을에서 이웃이 1년 전에 버리고 도망친 $3\frac{1}{2}$ 필지의 농지를 넘겨 받은 방앗간 주인은 4년 동안 사냥을 제외한 다른 모든 노동력 봉사와 임대료를 면제 받았다고 되어 있다.

어떤 농부는 시펠트 마을에 이미 4필지의 농지를 소유하고 있는데, 보펜 마을의 3½ 필지의 농지를 넘겨 받으면서, '그 땅을 경작할 농부를 자신이 구하도록' 허락 받았다. 이 정도면 이미 자본가가 아닌가! 코페르니쿠스는 그에게 1521년이 될 때까지 임대료와 노동력 봉사를 면제해 주도록 했다.

화폐 정책 개혁을 건의하다

코페르니쿠스는 참사회의 토지를 관리하던 중에 상업 거래에 사용되는 은전의 가치에 문제가 있음을 점차 깨닫게 되었다. 당시 표준 은전은 액면가에 해당하는 양의 은을 포함하고 있어야 했다. 예를 들어 액면가 1달러인 은전은 1달러 값어치의 은을 포함해야 한다. 그러나 순수한 은은 부드럽고 약하기 때문에, 일정한 양의 구리와 섞어 합금을 만들어 은전을 더 튼튼하고 오래 사용할 수 있도록 했다.

코페르니쿠스는 상당수의 은전들이 표준 은전보다 품질이 낮다는 걸 알아차렸다. 즉, 그런 은전들은 표준 은전에 비해 은의 양은 적고 구리의 양이 많았다.

특히 게르만 기사단은 값이 싼 구리를 많이 넣어 품질이 낮아진 은전들을 많이 만들었다. 그러니 사람들이 액면가 1달러인 은전을 받았을 때, 그 은전은 사실 75센트 정도의 은만 포함하고 있을 것이다.

코페르니쿠스의 제안에 따라 새로 만든 은전

폴란드 국왕 시기스문트 1세는 코페르니쿠스가 제안한 화
폐 개혁 방안에 따라 1535년에 위의 은전들을 주조했다.

게르만 기사단은 양질의 은전을 사들인 다음, 그것들을 녹인 뒤 구리를 첨가했다. 이렇게 하면 저질의 은전을 대량으로 주조해 막대한 이득을 보기 때문이었다. 상황이 이렇게 돌아가자 사람들은 양질의 은전을 쌓아 두고 사용하지 않게 되었다.

양질의 은전이 시중에서 사라지면서 저질 은전들이 대량으로 사용되어 사실상 표준 은전이 되고 말았다. 이것은 물가 상승을 불러일으켰다. 상인이 50센트짜리 물건을 팔아 원래와 같은 양의 은을 얻으려면, 저질 은전을 기준으로 67센트를 받아야 했다. 왜냐하면 양질의 은전 1달러는 저질 은전 기준으로는 1.33달러 값어치의 은을 포함하고 있기 때문이다. 많은 은 세공업자들은 양질의 은전을 1달러 주고 사서, 은전을 녹여 은을 뽑아내려 했다.

코페르니쿠스 시대에는 정보 전달 속도가 느렸다. 특히 시골의 소작농들은 세상 물정과 관련된 소식에 어두웠다. 그래서 곡물을 팔 때 저질 은전을 받으면 값을 올려 받아야 한다는 사실을 몰랐던 것이다.

1517년 여름 동안, 코페르니쿠스는 교회 업무로 바쁜 와중에 잠시 시간을 내 한 편의 논문을 썼다. 이 논문에는 양질의 은전을 주조하기 위한 원칙들이 간략하게 제시되어 있었다. 그는 이 논문에서 "악화가 양화를 구축한다."고 했다. 오늘날 이 원리는 그레섬의 법칙이라 불린다. 그레섬은 코페르니쿠스와 동시대에 살았던 인물이지만 더 젊었으며, 영국의 재정 전문가였다. 코페르니쿠스는 그레

섬보다 30년이나 앞서 이 원리를 선언했다.

이 논문에서 코페르니쿠스는 은전의 주조는 국왕이 관리해야 한다고 주장했다. 당시에는 폴란드의 여러 도시에서 은전을 주조하고 있었다. 이외에도 그는 모든 은전이 액면가에 해당하는 값어치를 가져야 한다고 주장했다. 거기에 덧붙여 양질의 은전이 충분히 유통된 후 저질 은전들을 시장에서 회수하는 방안도 상세히 제시해 놓았다.

코페르니쿠스는 이 논문을 라틴어로 썼으며, 친구들에게 필사해 주었다. 1519년에 프러시아 의회의 몇몇 위원들이 코페르니쿠스에게 그 논문을 독일어로 번역해 달라고 부탁했다. 코페르니쿠스는 그것을 번역해 주었지만, 의회가 그 제안을 받아들여 실행하기까지는 여러 해가 걸렸다. 게르만 기사단과 전쟁이 벌어졌기 때문이었다.

전쟁의 소용돌이에 휩쓸리다

게르만 기사단은 바르미아에 대한 약탈 행위를 계속했다. 하지만 폴란드 국왕은 바르미아를 도와주지 않았다. 그러자 게르만 기사단은 점점 더 노골적으로 침략했다. 1519년 12월 31일에 게르만 기사단의 대장 알브레히트가 이끄는 군대는 브라니에우를 점령했다.

브라니에우는 바르미아에서 가장 큰 도시이며, 프롬보르크로부터 불과 10킬로미터 거리에 있었다. 대주교는 코페르니쿠스를 포함해 여러 명의 참사회 위원들을 보내 알브레히트 대장과 협상하게 했지만 알브레히트는 꿈쩍도 하지 않았다.

1520년 1월 23일이었다. 기세가 등등해진 알브레히트의 군대는 이제 프롬보르크를 공격해 불을 질렀다. 폴란드 군대가 늦게나마 도착했기 때문에, 교회 건물은 화를 면할 수 있었다. 그러나 참사회 위원들의 집은 모두 불길에 휩싸였고, 위원들은 다른 도시로 피난을 가야 했다. 코페르니쿠스와 다른 한 명은 올츠틴으로 피했다. 게르만 기사단이 바르미아의 영지로 점점 더 깊숙이 침투해 들어온다는 소식을 듣고 나서야 참사회는 반격을 해야 함을 깨달았다.

1520년 말에 알브레히트 대장은 5천 명의 군대를 거느리고 올츠틴을 향해 진격했다. 코페르니쿠스는 100명으로 구성된 폴란드 수비대를 증원해 달라고 폴란드 국왕에게 간청했다. 그는 국왕에게 올리는 글에서 참사회 위원들은 폴란드 국왕의 보호 하에 있으며, "국왕 폐하의 충실한 신하들로서 당당하게 행동할 것이며, 기꺼이 죽을 준비가 되어 있다."고 썼다.

그러나 국왕이 도와줄지 여부가 불확실한 상황이었다. 코페르니쿠스는 엘브라그에 있는 동료 위원들에게도 올츠틴을 방어하기 위해 필요한 20개의 대포와 식량, 의복을 보내 달라고 요청했다.

1521년 초에, 게르만 기사단의 선봉대가 올츠틴의 성문을 공격하자 여러 명의 폴란드 군인들이 전사했다. 그러나 올츠틴은 굳건하게 버티었다. 2월 말 무렵, 양측은 휴전

알브레히트(1490~1568) 게르만 기사단 최후의 대장이자 프러시아 대공국 초대 대공. 마르틴 루터의 조언을 받아들여, 자신의 영토에서 루터교를 국교로 선포했다.

협정에 서명했다. 바르미아의 일상 생활은 차츰 정상으로 돌아갔지만, 양측의 증오심은 치유되기 어려웠다.

임시 대주교가 된 코페르니쿠스

코페르니쿠스는 참사회의 영토를 감독하는 업무를 다시 맡았지만, 그 기간은 짧았다. 1521년이 저물기 전에 그는 프롬보르크로 돌아갔다. 1522년 3월에, 코페르니쿠스는 왕립 프러시아 의회의 회의에 참석해 은전 주조 개혁에 대해 논의했다.

프러시아 의회에서는 코페르니쿠스가 논문을 통해 제안한 개혁 방안을 둘러싸고 토론이 벌어졌고, 그 결과 제안 중의 몇 개가 채택되었다. 그 후 6년에 걸쳐 개혁은 천천히 이루어졌다. 이제 폴란드 국왕 시기스문트 1세가 발행한 새로운 표준 은전들은 그 액면가만큼의 은을 포함하게 되었다.

1523년 1월 말에, 파비안 루찬스키 대주교가 사망했다. 새로운 대주교가 선출될 때까지, 참사회는 위원들 중의 한 명이 대주교의 업무를 임시로 맡도록 했다. 참사회 위원들은 코페르니쿠스의 능력을 매우 높이 평가했기 때문에, 그가 임시 대주교가 되었다. 4월에 참사회는 모리스 페르베르를 새 대주교로 선출했다. 그러나 그가 정식으로 그 업무를 맡은 것은 10월이었으며, 그때까지 코페르니쿠스가 업무를 수행했다.

종교 개혁과 어려운 시절

1525년에 폴란드와 게르만 기사단은 오랜 전란을 끝내는 최종 평화안에 서명했다. 게르만 기사단은 해체하기로 했으며, 기사단의 대장 알브레히트는 폴란드 국왕의 휘하에서 자신의 영토를 다스리는 대공으로 취임했다. 그리고 그의 대공 지위는 세습할 수 있게 되었다.

알브레히트 대공은 곧 자신의 영토에서 가톨릭 교회를 철폐하고, 루터의 개신교를 국교로 만들었다. 많은 기사들은 개신교로 개종하고 결혼을 했다. 알브레히트 자신은 덴마크 공주와 결혼했다. 그러자 기사단의 전통을 이어가기를 바라던 소수의 기사들은 독일로 떠났다.

종교 개혁으로 인한 개신교의 등장과 이탈리아에서 일어난 르네상스를 계기로 유럽 사회는 전통적인 관습에서 벗어나기 시작했다. 오랜 세월 동안 유럽의 왕들과 대공들은 로마 교황에게 충성을 맹세하고, 재정적으로 가톨릭 교회를 후원했다. 그런데 1517년에 독일의 성직자 루터가 가톨릭 교회의 면죄부 판매에 이의를 제기하고 나섰다. 면죄부란 죄를 사해 준다는 보증서인데, 돈을 주고 사야 했다. 가톨릭 교회들은 루터를 박해했지만, 독일의 많은 대공들은 루터를 지지하기 시작했다. 그들은 로마가 막대한 돈을 빨아 들여가는 것을 시기했던 것이다.

불과 몇 년 사이에 독일의 대공들 중 상당수가 가톨릭 교회와 결별을 선언했다. 그리고 자신이 다스리는 영토의

종교 개혁을 주장한 루터

1517년에 독일의 성직자 루터는 비텐베르크의 교회 정
문에다 95개 항목으로 된 토론장을 붙여 놓았다. 당시
그는 그 지역 대학의 교수이자 성직자였다. 그가 제시한
토론장의 가장 중요한 내용은, 교회가 면죄부를 팔아 막
대한 수익을 올리는 데 대한 비판이었다. 면죄부란 그것
을 산 사람의 죄를 사하여 준다는 보증서였다. 루터의
이런 행동은 종교 개혁의 불을 지폈다.

주민들도 루터가 창시한 개신교로 개종하도록 했다. 그 결과 가톨릭이 국교인 폴란드는 개신교에 의해 둘러싸이게 되었다.

종교 개혁은 바르미아에도 영향을 끼쳤다. 1523년에 인접한 영지의 대주교가 루터의 개념들을 지지하는 책을 출판했다. 그 다음 해에 코페르니쿠스는 참사회의 동료 위원인 티데만 기세를 설득해 이에 대응하는 글을 쓰도록 했다. 기세는 가톨릭의 원칙을 유지해야 한다고 주장하는 글을 썼지만, 그의 어조는 상당히 부드러웠다. 어쨌든 기세는 개신교로 개종한 신도들을 다시 로마 가톨릭 교회로 끌어들이려 했다.

바르미아의 다른 위원들과 대주교는 타협을 거부하고 강경한 노선을 고수했다. 1526년에 바르미아 참사회는 그들의 영토에서 개신교 신자들을 추방하고 개신교 서적을 금지하는 포고문을 선포했다. 기세와 코페르니쿠스는 관용을 주장했지만, 다른 대다수 참사회 위원들의 태도는 강경했다.

1530년대에 코페르니쿠스가 바르미아 참사회 위원으로서 맡은 업무는 많이 줄어들었다. 이제 코페르니쿠스는 연배로 보든 경력으로 보든 고참 위원이었고, 참사회에 조언을 해 주는 정도의 임무만 맡았다. 이것은 자신의 위대한 천문학 저서를 집필하는 데 쓸 시간이 많아졌다는 의미다.

그렇지만 의사로서 그의 임무는 계속되었다. 1531년에서 1532년 사이의 겨울 동안, 페르베르 대주교는 심각한

티데만 기세(1480~1550) 코페르니쿠스의 가장 절친한 친구. 바르미아 참사회 동료 위원이었으며, 후에 첼름노의 대주교가 되었다. 수십 년 동안 꾸준히 코페르니쿠스를 설득해 『천체의 회전에 관하여』를 출판하도록 했다.

질환으로 쓰러졌고, 코페르니쿠스는 주치의로서 그를 돌보아 주어야 했다. 두어 달 후, 대주교는 건강을 되찾았다. 그러나 몇 년 후, 페르베르 대주교는 심장마비를 겪고 나서 말을 하기가 어렵게 되었다. 안타깝게도 이번에는 코페르니쿠스의 의술로도 회복되지 않았다. 그리고 2년 후에 대주교는 다시 심장마비를 겪었다. 코페르니쿠스는 급히 리츠바르크로 달려갔지만, 때는 이미 늦었다. 대주교는 벌써 사망했던 것이다.

바르미아 참사회는 후임 대주교의 선출을 둘러싸고 상당한 논란에 휩싸였다. 가장 유력한 후보자는 단티스쿠스로, 코페르니쿠스보다 열두 살 아래였다. 그는 폴란드 국왕 밑에서 일했으며, 바르미아의 대주교 자리를 이미 오래 전부터 탐내고 있었다. 단티스쿠스는 대주교가 되기 위한 디딤돌로서, 1514년에 바르미아 참사회의 위원이 되려고 시도했다. 그러나 다른 위원들이 반대가 심해 1529년에야 비로소 참사회 위원으로 임명되었다. 그는 폴란드 국왕의 후원을 받았기 때문에, 다음 해에 이웃한 첼름노의 대주교로 선출되었다. 바르미아에 비하면 첼름노는 작고 가난한 영지였지만, 일단 대주교가 된 단디스쿠스는 교회에서 출세할 수 있는 사다리에 확고하게 올라탄 셈이었다.

단티스쿠스는 대주교로서 외교 업무를 수행하고자 벨기에와 네덜란드를 방문했다. 그는 천문학 분야에서 코페르니쿠스가 탁월하다는 사실을 잘 알고 있었던 것 같다. 기록에 따르면, 코페르니쿠스의 혁명적인 아이디어를 벨기

에와 네덜란드의 저명한 천문학자들에게 알려 주었다고
한다.

폴란드로 돌아온 다음, 단티스쿠스는 바르미아 참사회
위원들의 비위를 맞추려고 노력했다. 하지만 참사회 위원
들은 그를 차갑게 대접했다. 그러나 폴란드 국왕이 단티스
쿠스의 편이었다. 국왕이 단티스쿠스를 강력하게 밀었기
때문에, 바르미아 참사회는 어쩔 수 없이 그를 페르베르의
후임자로 선출했다.

첼름노의 대주교가 바르미아의 대주교로 영전했으니, 첼
름노의 대주교 자리가 비게 되었다. 이 자리에는 코페르니
쿠스의 절친한 친구이자 동료 위원인 기세가 선출되었다.

단티스쿠스는 바르미아 참사회로부터 냉대받았던 옛기
억 때문에, 위원들을 굴복시키려고 단단히 벼르고 있었다.
그런데 그가 사용한 방법 중의 하나가 코페르니쿠스에게
상당한 고통을 안겨 주었다.

많은 동료 위원들과 마찬가지로, 코페르니쿠스의 집에
는 요리, 빨래, 청소 등의 집안일을 해 주는 여자가 있었
다. 가끔 코페르니쿠스가 이 여자와 부적절한 관계를 맺고
있다는 소문이 퍼지기도 했다. 당시 참사회 위원 중의 어
떤 사람은 실제로 가정부와 부적절한 관계를 맺고 사생아
를 낳기도 했다. 단티스쿠스 대주교는 가정부는 첩이나 마
찬가지라며, 모든 참사회 위원들이 가정부를 두지 못하도
록 했다.

코페르니쿠스가 실제로 가정부와 부적절한 관계를 맺었

다는 증거는 없다. 그의 가정부는 안나 쉴링이라는 젊은 여자로, 먼 친척이었다. 코페르니쿠스는 그녀와 부적절한 관계를 맺었다는 혐의를 강력하게 부인했지만, 그녀를 내보낼 수밖에 없었다. 코페르니쿠스와 그녀 사이에 사생아가 있었다는 기록은 어디에도 없다. 그러나 단티스쿠스 대주교는 딸 한 명을 사생아로 두었다는 기록이 남아 있다. 아무래도 단티스쿠스 대주교는 다른 사람들도 자신과 마찬가지라고 생각했던 것 같다.

새로운 이론에 대한 끈질긴 열정

전쟁과 정치적인 어려움 속에서도, 코페르니쿠스의 천문학 관측은 계속되었다. 코페르니쿠스는 매일 또는 매달 행성들의 위치를 기록할 필요는 없었다. 대신에 행성 또는 달이 가장 멀리 있을 때와 가장 가까이 있을 때 등 몇몇 중요한 순간을 놓치지 말아야 했다.

예를 들어 토성의 공전 주기는 약 30년이다. 그리고 달의 공전 궤도가 태양과 다른 행성들의 영향을 받아 천구를 한 바퀴 도는 데에는 19년이 걸린다. 그러니 중요한 순간을 관측하는 데 실패하면, 30년이나 19년 후를 기약해야 한다. 코페르니쿠스는 중요한 순간들을 절대 놓치지 않으려 했다. 그는 특히 일식과 월식을 신경 써서 관측했다.

코페르니쿠스가 관측에 뛰어난 재능이 있었던 것은 아니다. 그의 관측기록에는 오차도 많다. 하지만 기본적으로 그는 매우 탁월한 이론가이자 꼼꼼한 수학자였다. 그리고 자신의 이론에 필요한 수치들을 구하기 위해 적절한 관측을 할 줄 알았다.

1529년 이후부터, 코페르니쿠스는 프톨레마이오스의 천문학을 완전히 뒤집어 놓을 저서를 집필하기 시작했다. 그는 여전히 가톨릭 참사회 위원으로서 여러 가지 일을 해야 했다. 하지만 저술을 위해 필요한 복잡하고 많은 계산을 꼼꼼하게 해 나갈 시간적 여유는 더 많아진 상황이었다. 코페르니쿠스는 프톨레마이오스가 보고해 놓은 관측 기록과 자신이 관측한 기록들 중에서 더 옳다고 생각되는 값을 사용했다.

원고는 점점 더 두꺼워졌지만, 코페르니쿠스는 막상 책을 출판하기 위한 준비는 하지 않고 있었다. 바르미아 영지에는 많은 표들과 그림들이 들어간 복잡한 원고를 찍어 낼 수 있는 최신 인쇄기가 없었기 때문이다. 코페르니쿠스는 점점 더 늙어 갔으며, 참사회의 고참 위원으로서 여전히 해야 할 일이 많았다.

당시의 상황으로 보아, 코페르니쿠스의 위대한 저작은 아예 출판되지도 않은 채 교회 도서관의 선반 위에서 원고 상태로 먼지에 묻혀 잊혀질 가능성이 커 보였다.

코페르니쿠스의 천체 관측 도구들

코페르니쿠스의 『천체의 회전에 관하여』에는 세 종류의 천체 관측 도구가 나온다. 현재 그 중 하나가 '프톨레마이오스의 삼각자' 임이 잘 알려져 있다.

수십 년 후 덴마크의 천문학자 티코 브라헤는 조수 한 명을 프롬보르크로 보내 코페르니쿠스의 시대부터 전해 내려오는 관측 도구에 대해 조사해 오도록

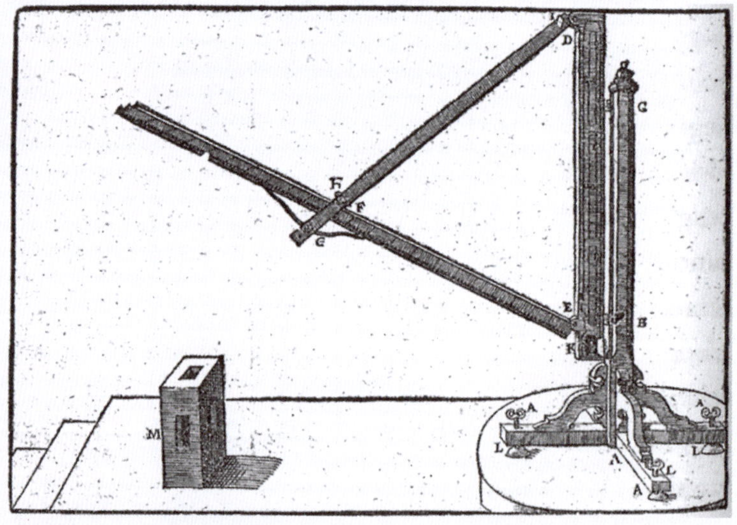

프톨레마이오스의 삼각자

티코 브라헤는 1598년에 『천문학의 혁신 도구들』이라는 책을 출판했다. 이 책에 나오는 프톨레마이오스의 삼각자 그림이다. 코페르니쿠스가 사용한 도구를 바탕으로 브라헤가 몇 가지 문제점들을 개량한 것이다.

했다. 그 조수는 프톨레마이오스의 삼각자를 구해 덴마크로 가지고 갔다. 브라헤는 프톨레마이오스의 삼각자를 손에 넣고 매우 기뻐했다. 그는 즉시 이 도구를 찬양하는 거창한 시를 썼으며, 후에 자신의 책에 이 도구를 소개하기도 했다.

프톨레마이오스의 삼각자는 세 개의 막대기들로 이루어졌다. 한 개는 수직으로 서 있으며, 두 개는 수직 막대기에 돌쩌귀로 달아 놓아 이 막대들이 움직이면서 삼각형의 모양이 바뀐다. 위쪽에 매달아 놓은 막대에는 구멍이 뚫려 있다. 눈으로 그 구멍을 통해 별을 관측하면, 이 막대가 별을 향한 시선을 나타내게 된다. 아래의 막대에는 눈금이 새겨져 있어 관찰하는 별의 위치에 해당하는 눈금을 읽을 수 있었다. 그 다음에 삼각표를 보면, 천정에서 관찰하는 별 또는 행성까지 이르는 거리를 구할 수 있다. 즉, 바로 머리 위로부터 그 별까지의 각거리를 구할 수 있다는 뜻이다.

브라헤는 이 도구를 써 보더니 구멍을 통해 별을 관측하기가 어려우며, 관측할 때 그 별이 구멍의 한가운데에 정확하게 놓여 있는지가 불확실하다고 불평했다. 그래도 이 도구는 쉽게 이동할 수 있다는 게 장점이었다. 하지만 나무로 만든 막대들이 이동 중에 자주 뒤틀리는 문제점도 있었다.

코페르니쿠스는 다른 도구도 소개했다. 이것은 해시계와 비슷하게 생긴 좀더 간단한 것으로, 정오에 태양의 고도를 측정하는 데 사용했다. 코페르니쿠스에 따르면, 이 도구는 정사각형 나무판으로 만들 수도 있지만, 돌이나 금속으로 만들면 더욱 좋다. 그는 이 도구를 남북 방향으로 정확하게 맞추어 세우는 방법도 설명해 놓았다.

코페르니쿠스는 정사각형에다 사분원을 내접해 그린 다음, 원호에다 각도를 새긴 도구도 사용했다. 이 도구의 이름은 '사분원'이었다. 이 도구는 비교적 쉽게 만들 수 있기 때문에, 코페르니쿠스는 아마 여러 개 만들어 썼을 것이다.

코페르니쿠스는 이런 사분원을 사용해 관측한 결과를 구체적으로 제시해 놓지는 않았다. 그렇지만 그는 춘분이나 추분의 시간을 10년 이상 관측했다. 태양의 위치가 가장 북쪽일 때(하지)와 가장 남쪽일 때(동지)의 중간에 있을 때(그러므로 천구의 적도에 있을 때)가 바로 춘분, 추분인 날이다.

코페르니쿠스는 정확한 춘분과 추분을 알기 위해 일 년 중 정오일 때 그림자가 가장 긴 것과 가장 짧은 것의 위치를 표시하고, 그것들이 만드는 각을 이등분했다. 이때 이런 이등분점에 정오의 그림자가 놓이는 날이 춘분이나 추분이다. 3월에 있는 춘분날과 9월에 있는 추분날에는 낮과 밤의 길이가 서로 같다.

코페르니쿠스가 설명해 놓은 또 다른 관측 도구는 '천구의'이다. 그런데 그가 이것을 실제로 사용했는지는 조금 불확실하다. 코페르니쿠스는 천구의란 여러 개의 둥그런 고리들이 겹겹이 들어 있는 도구로서, 그 고리들 중의 하나에는 별 또는 행성을 겨냥하기 위한 가늠구멍이 설치되어 있다고 설명했다. 그는 천구의의 크기에 대해서는 정확한 기록을 남기지 않은 채, 다만 너무 크면 다루기가 힘들고, 너무 작으면 고리에다 도, 분의 눈금을 새기기가 힘들다고 했을 뿐이다.(1분은 도이다.) 만약 분 단위의 눈금을 모두 새기고, 눈금의 간격이 0.4밀리미터라면, 천구의의 지름은 약 3미터가 된다. 이것은 실제로 만들어 사용하기에 너무 크다.

브라헤가 사용한 이동용 소형 천구의의 지름은 약 1.2미터였다. 그런데 아마도 코페르니쿠스가 사용한 것은 (실제로 사용했다면) 이보다 더 작았을 것이다. 하지만 코페르니쿠스는 천구의를 사용하여 관측했다는 기록을 남기지 않았다. 그러니 그가 천구의를 실제로 사용했는지는 불확실하다.

사실, 코페르니쿠스가 보고해 놓은 많은 행성 관측에는 정렬 관계가 포함되어 있다. 즉, 전갈자리 앞머리의 두 번째, 세 번째 별과 일직선인 곳에 토성이 놓여 있다거나 화성이 천칭자리의 어느 밝은 별과 겹쳐졌다는 식이다. 이처럼 행성이 어떤 별에 매우 가까이 놓여 있는지를 관찰하면, 정교한 관측 도구를 사용하지 않고도 위치를 상당히 정확하게 나타낼 수 있다. 그럼에도 불구하고, 그가 보고해 놓은 관측들 중 몇 개는 천구의를 사용했을 거라고 추정된다.

다음 페이지에 나오는 그림은 브라헤가 갖고 있던 천구의 중 하나이다. 천구의의 가장 바깥 고리 BCE는 남북 방향으로 고정되어 있으며, 고리의 꼭대기 점 B는 하늘의 천정에 해당한다. 그 안쪽의 고리는 점 C를 축으로 하여 회전하는데, 점 C는 하늘의(북극성 근처의) 북극점에 해당하며, 이 고리를 회전시키는 것은 하늘의 일주 운동을 나타낸다.

이 두 번째 고리의 안쪽에 세 번째 고리가 90도 각도로 고정되어 있다. 이것은 천구의 적도를 나타낸다. 사실, 세 번째 고리는 두 개의 고리들로 구성되어 있다. 90도 각도로 고정되어 있는 고리 OP는 하늘에서의 황도(태양의 궤도)를 나타내며, 적도에 대하여 23.5도 기울어져 있다. 다른 한 개의 고리는 황도의 극점들 I, K에서 두 번째 고리에 고정되어 있다.

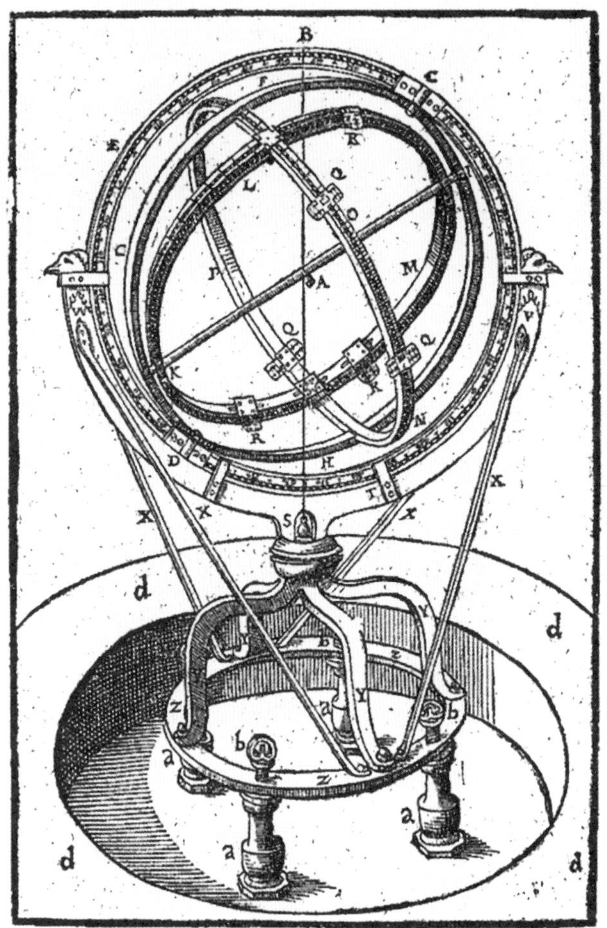

천구의

티코 브라헤가 쓴 『천문학의 혁신 도구들』에 나오는 천구의 그림. 천구의는 코페르니쿠스가 사용했을지도 모르는 가장 복잡한 관측 도구이다. 브라헤는 이것을 개량해 사용했다.

코페르니쿠스는 자신이 사용한 천구의에 대하여 황도 고리의 안쪽에 또 다른 고리가 있고, 거기에 별을 겨냥하는 가늠구멍이 있다고 설명해 놓았다. 그러나 브라헤는 황도 고리 자체에 가늠구멍을 둔 천구의를 사용했다. 즉, 또 다른 고리를 덧붙여 회전시키는 대신에, 가늠구멍이 황도 고리를 따라 움직이도록 만들었던 것이다.

AD CLARISSIMVM VIRV
D. IOANNEM SCHONE
RVM, DE LIBRIS REVOLVTIO
nũ eruditissimi viri,& Mathema
tici excellentissimi, Reuerendi
D. Doctoris Nicolai Co
pernici Torunnæi, Ca
nonici Varmien
sis, per quendam
Iuuenem, Ma
thematicæ
studio
sum

NARRATIO PRIMA.

ALCINOVS.

Δεῖ δ' ἐλεύθερον εἶναι τῇ γνώμῃ τὸν μέλλοντα φιλοσοφ

천체의 회전에 관하여

8

레티쿠스가 1540년에 폴란드의 단스크에서 펴낸 『최초의 보고서』에는 코페르니쿠스의 새로운 우주론이 소개되어 있다. 이 책의 초기 소유자가 손으로 필기해 놓은 흔적이 보인다.

1 529년 이후 몇 년 동안, 코페르니쿠스는 자신의 천문
학 연구들을 하나로 묶는 고된 작업에 매달렸다. 그
는 프톨레마이오스의 『알마게스트』를 대신할 위대한 천문
학 책을 쓰겠다고 결심했다. 그의 책은 자신의 관찰들을
바탕으로 프톨레마이오스의 이론을 1500년대에 맞게 개
정한 내용이 될 것이다. 그리고 지구가 움직인다는 이론이
어리석은 공상이 아님을 증명하게 될 것이다. 코페르니쿠
스의 의도는 『알마게스트』의 '완전 개정판' 을 출판하려는
것이었다.

출판을 권하는 동료들

1535년에 학창 시절 동료였던 와포우스키가 코페르니
쿠스를 찾아왔다. 당시 폴란드 국왕의 비서이던 와포우스
키는 코페르니쿠스의 계획에 대해 들은 바를 좀더 자세히
확인하고 싶어 했다. 우선 그는 코페르니쿠스가 천문학적
인 발견들들을 발표할 계획인지 물어 보았다. 코페르니쿠
스는 다음 해에 자신의 새이론을 바탕으로 계산한 행성들
의 위치를 표로 만들어 발표하겠지만, 이론 자체를 공표하
지는 않겠다고 말했다.

코페르니쿠스가 그런 결심을 한 까닭은 새로운 이론이
만족스럽게 다듬어지지 않았기 때문이었던 것 같다. 후대
의 다른 몇몇 과학자들과 마찬가지로, 코페르니쿠스도 자
신의 이론에 완벽을 기하려 했던 것이다. 그러나 책을 출

판하라는 권유는 여기저기에서 있었다. 코페르니쿠스의 새이론에 대한 소문이 그의 친구들과 동료 참사회 위원들 사이에서 이미 떠돌고 있었다. 1533년 여름에 그들 중 한 사람이 코페르니쿠스의 이론을 교황 클레멘트 7세의 비서에게 설명했다. 그러자 이 비서는 그 이론을 교황과 여러 명의 추기경들에게 설명했다.

교황이 1534년에 서거한 이후, 교황의 비서는 쇤베르크 추기경의 비서가 되었다. 쇤베르크 추기경은 그에게서 코페르니쿠스의 이론을 듣고, 좀더 상세히 알고 싶어 했다. 1536년 말에 쇤베르크는 코페르니쿠스에게 편지를 보냈다. 그는 코페르니쿠스의 업적을 치하하며, 다음과 같이 썼다.

천문학 체계 전체를 다루고, 행성들의 운동을 모두 계산해 표로 완성한 것은 위대한 업적입니다. 그러므로 …… 당신의 발견을 다른 전문가들에게도 알려 주시고, 천구와 행성 운동의 표와 관련된 당신의 노력을 누구보다 먼저 저에게 알려 주시기를 간곡하게 부탁드립니다.

코페르니쿠스는 쇤베르크 추기경의 편지를 보관해 두었지만, 답장을 썼는지는 확인할 수 없다.

참사회 동료 위원인 기세는 오랜 세월 동안 코페르니쿠스의 가장 절친한 친구였다. 그도 코페르니쿠스에게 책을 출판하라고 계속 권유했지만 소용이 없었다. 기세는 1537

년에 첼름노의 대주교로 선출된 후에도 코페르니쿠스에게 위대한 업적을 어서 출판하라고 계속 졸랐다. 코페르니쿠스는 여전히 출판하기를 망설였다. 하지만 자신의 원고를 다듬으며 교정하는 일은 계속했다.

코페르니쿠스의 유일한 제자

코페르니쿠스의 마음이 출판 쪽으로 기운 것은 예상치 못한 사람의 등장 덕분이었다. 1539년에 오스트리아의 한 젊은 수학자가 코페르니쿠스를 찾아왔다. 당시 스물다섯 살이었던 게오르그 호아킴 레티쿠스는 유럽의 여러 저명한 학자들에게 조언을 받아 학문을 닦아온 수학자로 비텐베르크 대학에서 강의를 하고 있었다. 레티쿠스는 1538년 9월에 뉘렘베르크를 방문해 여러 달 동안 머물렀다. 그 후 다른 세 도시에 잠시 들렀다가, 1539년 5월에 프롬보르크에 도착했다.

레티쿠스는 코페르니쿠스의 발견에 대해 배우고 싶어 했다. 그는 2년 이상 코페르니쿠스 곁에 머물렀으며, 코페르니쿠스에게서 배운 유일한 제자가 되었다. 레티쿠스는 루터교 신자였지만, 코페르니쿠스와 기세 대주교는 그를 따뜻하게 환영해 주었다.

1539년 무렵, 가톨릭 국가인 폴란드 주변의 여러 지역에는 개신교가 확고하게 뿌리를 내리고 있었다. 서쪽에 있는 북부 독일의 여러 주들, 북쪽에 있는 스칸디나비아, 동

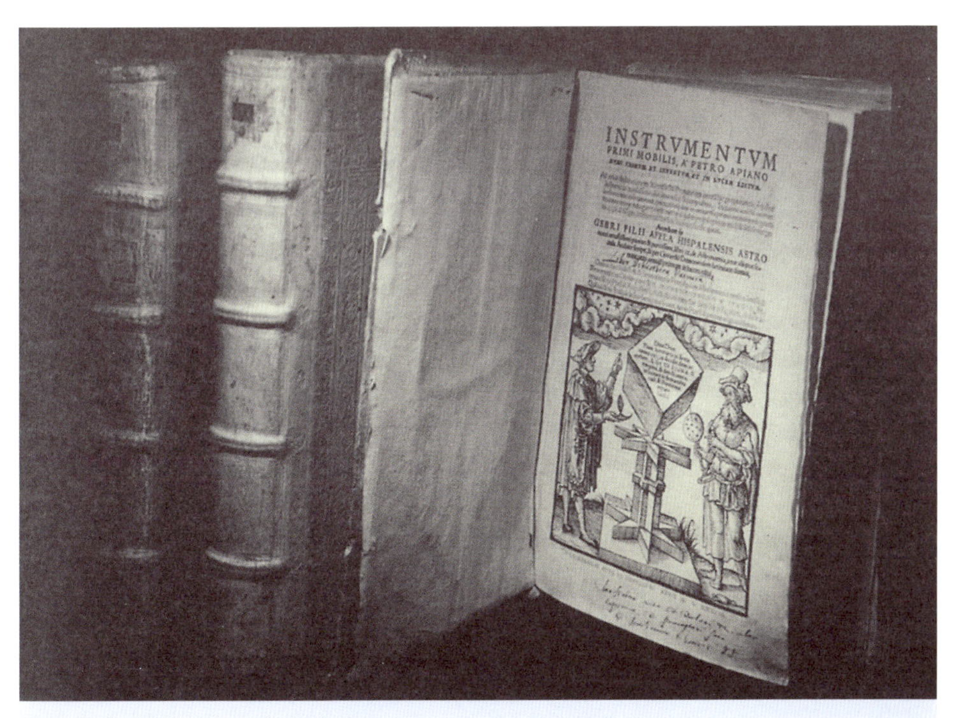

레티쿠스가 코페르니쿠스에게 선물한 책

레티쿠스는 천문학, 수학 서적 3권을 코페르니쿠스에게
선물했다. 책의 속표지 아랫부분에 코페르니쿠스에게
헌정한다는 글을 적어 놓았다.

쪽에 있는 알브레히트 대공의 프러시아 지역들은 모두 로마 교황에게 등을 돌린 상태였다.

그러나 최근에 바르미아의 대주교로 선출된 단티스쿠스는 개신교에 대해 격렬하게 반대했다. 그런 사정에도 불구하고, 코페르니쿠스와 기세 대주교는 레티쿠스에게 관용의 미덕을 베풀어 예우해 주었다.

1539년 여름에 몇 주 동안 레티쿠스는 심하게 아팠다. 코페르니쿠스와 기세는 그가 루바와에 있는 대주교의 성에서 자신들과 함께 생활하도록 해 주었다. 레티쿠스는 9월이 끝나기 전에 프롬보르크로 돌아왔으며, 뉘렘베르크에 있는 친구이자 천문학자인 쇠너에게 길게 편지를 썼다.

레티쿠스는 이 편지에서 코페르니쿠스의 책에 대해 "전부 여섯 권(부분)으로 구성되었으며, 프톨레마이오스와 마찬가지로 천문학 전체를 다루어 놓았다."고 설명했다. 그 무렵 레티쿠스는 4권까지의 내용을 배운 상황이었으며, 그 뒷부분에 대한 공부를 계속하고 있었다. 그의 편지에는 코페르니쿠스가 쓴 저서의 내용이 잘 요약되어 있었다.

레티쿠스는 1540년 초에 자신의 편지를 필사해서, 한 부를 단스크에 있는 인쇄소로 가져가 출판했다. 라틴어로 씌여진 이 책의 제목은 『최초의 보고서』였는데, 레티쿠스는 겸손하게도 자신의 이름을 저자명으로 넣지 않았다. 대신에 다음과 같이 적어 놓았다.

존경하는 요하네스 쇠너에게.

저명하고 탁월하신

수학자이자 천문학자, 토루인의 성직자.

그리고 바르미아 참사회 위원이신

니콜라우스 코페르니쿠스 박사의 저서 『회전』에 대한

그의 젊은 제자가 쓴 최초의 보고서.

『최초의 보고서』가 출간되면서 지구의 운동에 바탕을 둔 코페르니쿠스의 이론이 학자들의 세계에 처음으로 공표되었다. 레티쿠스의 편지로 이루어진 이 책은 코페르니쿠스가 쓴 어렵고 방대한 저서를 알기 쉽게 요약해 놓은 멋진 축약본이었다.

그리고 이 편지에 담긴 가장 반가운 소식은, "나의 스승인 코페르니쿠스가 학자들과 후학들이 판단을 내릴 수 있도록 자신의 책"을 출판하기로 기세 대주교에게 약속했다는 것이었다. 당시 60대 후반이던 코페르니쿠스는 계속 망설였지만, 기세와 레티쿠스의 설득이 계속되자 마침내 위대한 저서 『천체의 회전에 관하여』를 출판하기로 결심했다.

생애를 바쳐 완성한 『천체의 회전에 관하여』

출판을 결심하고 나서 2년 동안 코페르니쿠스는 제자 레티쿠스와 함께 원고의 최종 교정에 매달렸다. 그들은 계산을 확인하고, 그림들에 차례차례 번호를 붙여 나가고, 본문의 표현을 매끄럽게 가다듬었다. 그러나 코페르니쿠스

16세기의 인쇄소

인쇄소를 묘사한 16세기의 목판화. 왼쪽의 인쇄공이 막 인쇄된 종이를 들어 내고 있으며, 오른쪽의 조수는 그 다음에 인쇄할 판에다 잉크를 묻히고 있다. 인쇄할 때에는 왼쪽의 인쇄틀에다 백지를 끼우고, 잉크를 묻힌 오른쪽의 판과 겹친 다음, 압착기 밑으로 넣는다. 나사를 돌려서 강하게 압착하면, 인쇄가 된다. 뒤쪽에 있는 조판공들은 다음 페이지를 만들기 위해 금속 활자들을 고르고 있다.

의 『회전』은 매우 복잡한 전문 서적이었으며, 가까이에는 그 책을 인쇄할 수 있는 인쇄기가 없었다. 그 책을 인쇄하려면, 과학 전문 서적 출판으로 세계적인 명성이 있는 인쇄기를 사용해야 했다. 레티쿠스는 그런 인쇄기가 독일 뉘렘베르크에 있다는 것을 알고 있었다.

레티쿠스는 이미 뉘렘베르크에서 요하네스 페트라이우스가 인쇄한 몇 권의 책을 코페르니쿠스에게 선물한 바 있었다. 레티쿠스는 코페르니쿠스의 원고를 필사해 독일로 갖고 가겠다고 제안했다. 1541년 가을에 레티쿠스는 코페르니쿠스의 귀중한 원고를 가지고 비텐베르크로 돌아갔다. 그는 비텐베르크의 대학에서 1541~1542년에 걸쳐 강의를 했다. 그리고 나서 1542년 5월에, 코페르니쿠스의 원고를 가지고 뉘렘베르크의 페트라이우스를 찾아가 인쇄를 부탁했다.

레티쿠스는 거기에 잠시 머물면서, 앞부분 몇 페이지의 인쇄 과정과 내용을 확인했다. 그리고 곧 오스트리아의 집으로 돌아갔으며, 인쇄소에서는 수많은 그림을 인쇄하기 위해 많은 나무판을 준비하고 있었다. 레티쿠스는 몇 주 후에 뉘렘베르크로 돌아왔지만, 이미 그때 라이프치히 대학의 수학 교수직을 제의받은 상태였다. 그것은 놓치기에 아까운 좋은 자리였다. 레티쿠스는 1542년 가을에 어쩔 수 없이 라이프치히로 떠났다.

이제 레티쿠스는 책의 인쇄에서 손을 떼야 했기에, 안드레아스 오시안더에게 이 일을 맡겼다. 수학과 천문학에 흥미를 가지고 있었던 오시안더는 루터교 성직자로서 뉘렘베르크에 부임해 있었으며, 페트라이우스와 매우 친한 사이였다.

코페르니쿠스의 책은 인쇄소에서 좀더 긴 제목을 얻게 되었다. 원래 코페르니쿠스는 자신의 책 제목을 『회전』이라 할 예정이었다. 그러나 인쇄소에서는 『천체의 회전에 관하여』라는 제목을 붙였다. 레티쿠스는 제목에 원래 없던 단어들이 들어간 사실을 알고 속이 상했지만, 고치기에는 이미 늦은 상태였다. 1542년 6월부터 10개월에 걸쳐, 커다란 종이로 400페이지 달하는 책이 인쇄되어 나왔다.

이 기간 동안 코페르니쿠스는 쇤베르크 추기경이 1536년에 자신에게 보낸 편지와 교황 바오로 3세에게 드리는 헌정사를 뉘렘베르크로 보냈다. 이 두 글을 서문으로 넣기 위해서였다.

코페르니쿠스는 교황에게 드리는 헌정사에서 다음과 같이 썼다. "저의 저서를 이 세상에 내놓아 빛을 보게 할 것인지 여부를 놓고서 오랜 세월 망설여 왔습니다." 그가 이렇게 망설인 이유는, 지구가 움직인다는 혁명적인 이론이 어떻게 받아들여질지 예상하기가 어려웠기 때문이었다. 그렇지만 그는 자신의 저작이 "교황 성하께서 다스리시는 신성 제국에 조금이나마 보탬이 될 것으로" 확신한다고 썼다. 그리고 학문에 대해 무지한 '잡담가'가 비판하는 것을 사전에 예방하기 위해, 자신의 저작을 제대로 이해하는 수학자, 천문학자들에게서만 인정받으려 한다고 밝혀 놓았다. 그리고 이렇게 덧붙였다. "수학은 수학자들을 위해 씌어진 것입니다."

『천체의 회전에 관하여』가 계속 인쇄되면서, 인쇄된 결과가 한 묶음씩 코페르니쿠스 앞으로 우송되었다. 코페르니쿠스는 이것을 최종적으로 확인해 틀린 부분을 교정하는 내용을 원고로 써 보냈다. 그 원고는 '교정'이라는 제목을 붙여 따로 인쇄해서 책에다 넣을 계획이었다. 그러나 1542년 12월 무렵에 코페르니쿠스는 뇌출혈을 겪었다. 그 후 그는 몸의 오른쪽 부분이 마비되어 일을 하기가 어려워졌다.

1543년 3월 말에 인쇄가 완결되었을 때, 코페르니쿠스는 책의 가장 앞부분에 들어가는 머리글과 표지를 아직 보지 못한 상태였다. 그 부분을 최후에 인쇄했기 때문이다. 기세 대주교에 따르면, 코페르니쿠스가 "자신의 저서를 전부 본 것은 바로 그가 사망한 날이었다." 코페르니쿠스는 1543년 5월 24일에 사망했다.

2천 년 전통을 깨뜨리는 책

『천체의 회전에 관하여』에서 우리가 주목해야 할 것은 여러 가지다. 코페르니쿠스는 이 책의 기본 구조를 프톨레마이오스의 『알마게스트』와 동일하게 했다. 두 책은 모두 '철학적' 부분으로 시작된다. 그리고 공통적으로 이 부분에서 우주의 생김새는 구형이고, 지구의 크기는 우주와 비교해 매우 작다고 밝히고 있다.

프톨레마이오스는 『알마게스트』 1권의 한 장에서 "지구는 전혀 운동을 하지 않는다."고 주장했다. 하지만 코페르니쿠스는 『천체의 회전에 관하여』 1권에서 그에 대응하는 장의 제목을 "고대인들은 왜 지구가 우주의 한가운데에 정지해 있다고 생각했는가"라고 붙였다. 그리고 바로 다음 장에서 고대인들의 주장이 사리에 맞지 않다고 밝혔다.

코페르니쿠스는 우주론을 다룬 1권의 가장 긴 장에서 자신의 체계에서 행성들의 배열 순서가 어떻게 되는지를 설명해 놓았다. 그리고 나서 자신의 새로운 우주론으로 전통적인 이론을 깨트리기 위한 도전장을 던졌다. 수학을 이해하지 못하는 철학자들이라 할지라도 이 부분을 읽으면, 극적인 암시와 문학적인 표현에 감탄하게 될 것이다.

이 모든 것들의 한가운데에 태양이 앉아 있다. 이렇게 정교하게 건축된 사원에다 햇불을 밝혀 모든 것들을 동시에 비추려면, 이보다 더 좋은 장소가 어디에 있겠는가? 어떤 사람들은 태양을 가리켜 우주를 밝히는 햇불이라 하고, 우주의 심장이라 부르기도 한다. 또 어떤 사람들은 태양을 우주의 지배자라 부르는데, 이는 아주 적절한 표현이다. 고대 이집트의 사제 트리스메기스투스는 태양을 보이는 신이라 불렀으며, 소포클레스의 엘렉트라는 태양이 모든 것을 본다고 했다. 그렇다. 태양은 마치 왕좌에 앉아 있는 것처럼, 자신의 둘레를 돌고 있는 모든 별들을 다스린다. 그렇다고 지구를 향한 달의 경배가 없어지는 것은 아니다. 오히려 아리스토텔

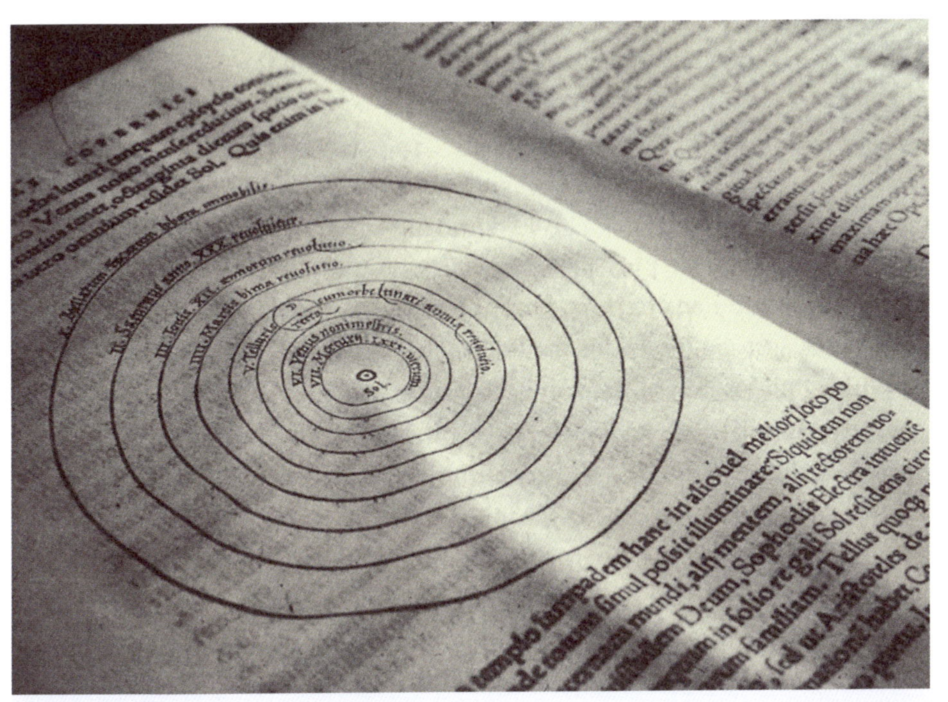

『천구의 회전』에 실린 태양계 그림

『천구의 회전』 1권에 나오는 태양 중심 체계의 그림. 코페르니쿠스는 이 체계를 가리켜 '정교하게 건축된 사원'이자 '자연의 지혜'라고 칭송했다.

레스가 『동물지』에서 말했듯이, 달은 지구의 가장 가까운 친척이다. 또 지구는 태양의 비옥한 축복을 받으면서, 봄마다 초목을 풍성하게 자라게 한다.

이 글은 태양에 대한 신화적 숭배를 표현한 것이 절대 아니다. 코페르니쿠스는 관측한 행성들의 위치를 수학적으로 심오하게 분석했다. 그리고 태양계 체계의 질서와 조화에 대한 느낌을 솔직하게 쓴 것일 뿐이다. 아무래도 태양이 다른 행성들과 구별되는 특별한 별이라는 사실을 강조하고 싶은 충동을 느꼈을 것이다.

코페르니쿠스는 자신이 주창한 새로운 체계에 대한 극적인 변론의 끝부분에서, 마지막 결정타를 날린다. 태양 중심의 우주론을 지지하는 가장 탁월한 주장을 제시한 것이다.

"이 배열에 따르면, 신기하게도 우주를 측정할 수 있는 공통된 길이 단위가 등장한다. 행성들의 궤도 크기와 공전 주기 사이에 이렇게 조화로운 관계는 다른 어떤 배열에서도 찾아 볼 수 없다."

코페르니쿠스의 새로운 이론에서 지구로부터 태양까지의 거리는 별이나 행성들 사이의 거리를 측정하는 '공통된 단위'를 제공해 준다. 코페르니쿠스의 행성 배열에 따르면, 행성들은 주기가 길면 길수록 더욱 큰 궤도를 가진다. 이런 관계는 나중에 뉴턴이 만유인력의 수학적 원리를 발견하는 데 결정적인 근거가 되었다.

프톨레마이오스를 넘어 선 코페르니쿠스

　프톨레마이오스의 『알마게스트』와 코페르니쿠스의 『천체의 회전에 관하여』는 둘 다 1권의 나머지 부분과 2권의 대부분을 천문학 이론에 필요한 수학적 기본 원칙을 설명하는 데 바치고 있다. 여기에서는 평면기하학과 구면기하학의 몇 가지 법칙들이 증명되고 있고, 천문학에 필요한 여러 가지 구와 원들에 대한 설명이 나온다. 그러나 그 다음에 이어지는 내용에서 프톨레마이오스와 코페르니쿠스가 우주를 보는 관점이 다르다는 사실을 알 수 있다.

　코페르니쿠스는 『천체의 회전에 관하여』 2권의 뒷부분에 별들의 목록을 넣어 놓았다. 그는 가장 바깥에 있는 항성들의 천구가 고정되어 있는 것으로 간주했기 때문에, 행성들의 움직임을 측정할 기준 좌표계로서 이것을 사용할 요량이었다.

　한편, 프톨레마이오스는 별들의 목록을 『알마게스트』의 훨씬 더 뒷부분에다 넣어 놓았다. 프톨레마이오스의 관점에 따르면, 별들의 천구는 고정된 지구를 중심으로 하루에 한 번씩 회전하고 있다. 그러므로 프톨레마이오스는 고정된 지구에서 바라보았을 때 태양과 달의 움직임은 다른 모든 천체들의 운동을 측정하는 기준 틀이 된다고 생각했다.

　프톨레마이오스는 매일매일 관찰할 수 있는 이 기준틀의 회전과 별들의 천구가 하는 회전 사이에는 미세한 차이가 있음을 깨달았다. 그에 따르면, 별들의 천구가 이 기준

틀에 대해 매우 느리게 움직이기 때문에 일어난 일이다. 이런 현상을 세차라 부른다.

코페르니쿠스는 회전하는 팽이의 축이 방향을 바꾸는 것처럼, 지구의 자전축도 느리게 방향을 바꾸기 때문에 이런 현상이 생긴다고 보았다. 프톨레마이오스는 세차 운동의 주기를 36,000년이라 주장했으며, 코페르니쿠스는 26,000년이라 주장했다. 오늘날 이런 세차 운동의 정확한 주기는 25,800년으로 알려져 있다.

『알마게스트』와 『천체의 회전에 관하여』는 둘 다 3권에서 '태양의 운동'을 다루고 있다. 프톨레마이오스는 '태양의 운동'이라고 명확히 말하고 있지만, 코페르니쿠스는 그것을 '태양의 겉보기 운동'이라고 했다.

코페르니쿠스는 달의 운동에 대한 자신의 이론을 4권에 제시해 놓았다. 그는 이 부분에서 프톨레마이오스가 지구에서 달까지의 거리에 대해 잘못 알고 있는 사실을 바로잡았다. 그리고 최근의 관측 기록들을 사용해 『알마게스트』를 참고로 했을 때보다 훨씬 더 정확하게 달에 대한 여러 가지 자료를 정리할 수 있었다.

프톨레마이오스의 『알마게스트』 전집 중 네 권은 행성들의 경도(동-서) 운동을 다루고 있다. 수성이 한 권, 금성과 화성이 한 권, 목성과 토성이 한 권, 그리고 역행 운동이 한 권을 차지한다. 그런데 코페르니쿠스는 이 모든 행성들을 『천체의 회전에 관하여』 5권에서 다루었다.

코페르니쿠스는 이미 『천체의 회전에 관하여』 1권에서 모든 행성들이 태양을 중심으로 회전하는 우주론을 제시한 상태였다. 따라서 5권에서는 프톨레마이오스의 주전원 이론에서 자신의 태양 중심의 배열 이론으로 넘어 가는 과정을 일일이 독자들에게 제시하지 않았다. 『천체의 회전에 관하여』는 전문 수학자, 천문학자들을 위한 책이었다. 그러므로 코페르니쿠스는 기술적 세부 사항의 핵심으로 즉시 뛰어들었다.

코페르니쿠스는 자신의 새로운 관측 자료들을 사용해 프톨레마이오스가 제시한 행성들의 궤도 크기와 방향에 대한 수치들을 점검했다. 그는 그 값들 중 틀린 것을 바로잡았다. 이 수치들을 얻기 위해 코페르니쿠스는 수십 년에 걸쳐 끈기 있게 관측했다. 아마 그가 그런 관측값들을 얻지 못했다면, 그의 위대한 저작도 미완성으로 남아 있었을 것이다.

코페르니쿠스는 30년 전에 『짧은 해설서』에서 제안한 것처럼, 프톨레마이오스의 등속 중심 개념을 사용하지 않고 행성들의 운동을 설명했다. 그는 『짧은 해설서』에서 이미 등속 중심 개념을 대신해, 각각의 행성에다 한 쌍의 작은 주전원들을 사용하기도 했다. 코페르니쿠스는 『천체의 회전에 관하여』에서 각 행성의 운동을 이심원과 하나의 작은 주전원으로 설명했다. 그리고는 이 두 가지 방법이 사실상 같다는 것을 꼼꼼하게 증명했다. 사람들은 코페르니쿠스의 이런 업적에 감탄해서, 그를 가리켜 제2의 프톨레마이오스라 불렀다. 당대의 천문학자가 들을 수 있는 최고의 찬사였다.

프톨레마이오스의 『알마게스트』와 코페르니쿠스의 『천체의 회전에 관하여』는 행성들의 위도 운동을 다루는 것으로 마지막 권을 장식했다. 위도 운동이란 행성의 운동 궤도가 황도로부터 북쪽이나 남쪽으로 벗어나는 것을 말한다. 황도란 항성들을 배경으로 태양이 1년 동안 겉보기로 움직이는 궤도를 말한다.

프톨레마이오스의 『알마게스트』는 모두 13권이었으며, 코페르니쿠스의 『천체의 회전에 관하여』는 6권이었다. 코페르니쿠스의 『천체의 회전에 관하여』에서 가장 미약하고 가장 독창성이 부족한 부분이 바로 마지막 권이다. 어쩌면 코페르니쿠스는 레티쿠스가 프롬보르크에 있는 동안에 책을 마무리 짓기 위해 급히 서두르느라, 마지막 권의 내용을 조금 바꾸었는지도 모른다. 기세 대주교와 레티쿠스가 빨리 책을 내라고 권하자 코페르니쿠스는 완전히 준비가 되지 않은 상태에서 『천체의 회전에 관하여』를 출판하기로 결정한 것은 아닐까? 만약에 코페르니쿠스가 『천체의 회전에 관하여』를 출판하지 않았다면, 서양 과학의 역사는 어떻게 달라졌을까?

제멋대로 들어간 서문

『천체의 회전에 관하여』에 실린 머리글은 최후에 인쇄되었다. 따라서 죽음을 앞둔 코페르니쿠스가 그 글을 제대로 읽어 보기는 힘들었을 것이다. 그러나 그의 절친한 친구인

기세 대주교는 그 글을 자세히 읽고 충격을 받았다.

저자가 누구인지 알 수 없는 서문이 뉘렘베르크의 인쇄소로 흘러들어가 버젓이 인쇄되어 나온 것이다. 태양을 중심으로 행성들이 운동한다는 게 코페르니쿠스의 의견임에도 불구하고, 머리글에는 그의 이런 의견을 부인하는 내용이 담겨 있었다. 게다가 그 서문을 누가 썼는지 밝혀 놓지 않았으니, 독자들의 입장에서는 코페르니쿠스가 쓴 것으로 오해하기 십상이었다.

머리글의 제목은 '이 책의 가설에 관심을 가지는 독자들에게'였다. 주된 내용은 다음과 같다.

독자들은 지구가 움직인다는 개념에 충격을 받지 말기 바란다. 그리고 이렇게 혁명적인 개념을 제기한 저자를 비난하지 말기 바란다. 저자는 이 개념이 반드시 참이라고 주장하는 것이 아니다. 독자들은 이것을 하나의 가설로서 받아들이기 바란다. 왜냐하면 신께서 답을 제시하지 않는 한, 천문학자이든 철학자이든 확실한 결론을 내릴 수 없기 때문이다. 사실 가설이란 반드시 참일 필요가 없으며, 그럴 법해야 할 필요도 없다. 가설이란 그저 그에 따라서 계산한 결과가 실제 관측과 일치하기만 하면 된다.

기세 대주교는 이 서문을 읽고 격노해서 펄펄 뛰었다. 그는 즉시 뉘렘베르크 시의회로 보내는 편지를 써 인쇄소에 명령해 친구가 쓴 책이 정확하게 출간되게 해 달라고 부탁했다. 그리고 레티쿠스에게 편지를 보내 엉터리 서문 대신에 코페르니쿠스의 전기를 넣어 달라고도 부탁했다. 또 지구의 운동이 성경의 내용에 어긋난다는 공격에 대비해 코페르니쿠스를 변호하는 글도 실어 달라고 했다. 그러나 달라진 것은 아무것도 없었다. 레티쿠스는 나중에 코페르니쿠스의 체계를 변호하는 글을 썼으며, 태양 중심의 체계가 성경의 내용과 어긋나지 않음을 증명했다. 그러나 이 글이 출판된 것은 수년이 지난 후였다.

그 책의 서문을 쓴 사람은 오시안더였다. 그는 『천체의 회전에 관하여』가 인쇄되는 과정을 감독하다가 서문을 써 넣었던 것이다. 이 사실은 1609년에 인쇄된 책에서 비로소 드러났다. 오시안더는 사람들이 코페르니쿠스의 『천체의 회전에 관하여』를 거부감 없이 받아들이게 하려면 그런 예방 조치가 필요하다고 생각했다. 실제로 그 서문 덕분에 교회 성직자들은 수십 년 동안 『천체의 회전에 관하여』에 대해 심한 반대를 하지 않았다.

오시안더는 2년쯤 전에 코페르니쿠스와 편지를 교환한 일이 있었다. 그래서 코페르니쿠스가 자신의 그런 태도에 동의하지 않음을 알고 있었다. 천문학 이론을 둘러싸고 사람들 사이에 생기는 이런 의견의 차이는 오랜 세월 지속되었다. 그로부터 90년 후에 갈릴레이는 그 때문에 커다란 고초를 겪어야 했다.

코페르니쿠스의 조용한 혁명

많은 역사가들은 1543년을 과학 혁명이 시작된 시기로 지목한다. 그렇다면 그것은 역사상 가장 평온한 혁명일 것이다. 실제로 코페르니쿠스의 『천체의 회전에 관하여』에 대한 즉각적인 반응은 매우 미약했다. 그것에 반대하는 격렬한 공격도 없었고, 그렇다고 열렬한 지지도 없었다.

『천체의 회전에 관하여』는 500부가 인쇄되었으며, 유럽 전역의 학자들과 도서관들이 이 책을 사들였다. 당시 천문학 연구를 제대로 하려는 학자들은 예외 없이 『천체의 회전에 관하여』를 한 부씩 가지려고 했던 것 같다. 그리고 그로부터 약 20년 후에 『천체의 회전에 관하여』는 스위스의 바젤에서 다시 인쇄되어 더욱 널리 퍼져 나갔다. 그 결과 1500년대 후반기에 이르러 코페르니쿠스의 이름은 천문학 교재와 강의에 자주 등장했다. 하지만 그때까지만 해도 여전히 지구가 움직일 거라는 가능성은 아예 언급조차 되지 않는 상황이었다.

『천체의 회전에 관하여』가 낳은 중요한 결과는 1551년에 나타났다. 그 해에 비텐베르크 대학의 에라스무스 라인홀트가 코페르니쿠스의 계산을 바탕으로 표를 만들어 출판한 것이다. 하지만 라인홀트는 지구의 운동을 실제 현상으로 받아들이지는 않았다. 다만 오시안더와 마찬가지로, 코페르니쿠스의 이론과 계산 방법이 프톨레마이오스의 것들을 개선한 것이기에 더 낫다고 생각했던 것이다.

사실 코페르니쿠스가 제시한 표들과 마찬가지로, 라인홀트의 표들도 프톨레마이오스의 이론을 바탕으로 계산한 『알폰소표』보다 많이 정확해진 것은 아니다. 그 이유는 행성들의 위치를 계산할 때 태양 중심의 배열로 바꾼다고 해서 당장 유리해지는 것이 없기 때문이다. 결국 모든 변환이 아직은 고대 프톨레마이오스의 정확하지 않은 관측들을 바탕으로 하고 있었다.

코페르니쿠스의 『천체의 회전에 관하여』는 후대에 이르러 천문학과 물리학이 발전할 수 있는 무대를 만들어 놓았다. 지구가 운동한다는 사실을 받아들이려는 사람은 누구나 그것이 아리스토텔레스의 물리학과 어긋난다는 사실에 직면해야 했다. 그것들이 동시에 둘 다 참일 수는 없었다. 하지만 아리스토텔레스의 막강한 전통을 깨뜨리려는 혁명의 씨앗이 코페르니쿠스의 위대한 책 속에 숨어 있었던 것이다. 이 혁명적 개념의 씨앗들은 수백 부로 인쇄되어 널리 퍼진 『천체의 회전에 관하여』 속에서 조용히 때를 기다렸다. 그리고 1580년대에 이르자 덴마크의 천문학자인 티코 브라헤의 천체 관측을 통해 서서히 싹을 틔우기 시작했다.

티코 브라헤

덴마크의 천문학자 티코 브라헤가 육분의를 옆에 끼고 당당
하게 서 있다. 육분의는 별들 사이의 각거리를 측정하는 데
사용하는 기구이다. 그의 발치에 놓여 있는 책은 『천상의 세
계에서 일어난 최근의 현상들』이다. 이 책에는 브라헤가 생
각한 태양계 체계가 나와 있다. 브라헤가 생각한 체계는 행
성들이 태양을 중심으로 회전하고, 태양은 이 행성들을 거느
린 채 고정된 지구를 중심으로 회전하는 것이다. 하지만 코
페르니쿠스는 이 체계를 거부한 바 있다.

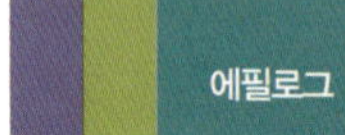

시대를 앞서간 과학자

코페르니쿠스는 지구를 포함한 모든 행성들이 태양을 중심으로 회전하는 '태양계'라는 개념을 발견했다. 코페르니쿠스가 이 혁명적인 개념을 선호한 까닭은, 태양계라는 체계가 아주 멋지고 일관성 있는 조화를 이루었기 때문이다. 그러나 문제는 사람들이 아주 빠르게 회전하는 행성에 살고 있다는 사실을 직접 느낄 수 없다는 점이었다.

코페르니쿠스가 『천체의 회전에 관하여』를 출판한 지 30년이 지난 후, 역사상 가장 탁월한 관측 천문학자인 브라헤는 덴마크에서 명성을 떨치기 시작했다. 그런데 이 뛰어난 천문학자 브라헤는 코페르니쿠스의 이론에 완전히 동의하지 않았다. 그는 코페르니쿠스가 수학의 근본 원리들을 위배하지는 않았지만, 지구를 우주 속으로 던져 넣어 움직이는 별이 되게 했다고 불평했다.

브라헤가 보기에 지구는 매우 게으르고 무거운 몸이어서 그렇게 빠른 운동을 할 수가 없다. 그는 다른 천문학자들에게 보낸 편지에서, 코페르니쿠스의 이론이 성경의 내용과 물리학에 어긋난다고 주장했다. 사실, 코페르니쿠스는 아리스토텔레스의 물리학을 대치할 만족스러운 대안을 찾는 일까지 해내지는 못했다. 새로운 물리학을 찾는 일은

후대의 갈릴레이와 뉴턴이 이룩할 과업이었다.

1596년에 요하네스 케플러는 『우주의 신비』라는 100페이지 분량의 책을 출판했다. 이 책은 코페르니쿠스의 이론을 최초로 다룬 책이라 할 수 있다. 케플러는 이 책에서 코페르니쿠스의 이론에 대한 상세한 수학적 설명과 자신이 그 이론을 지지하는 이유를 제시했다.

이탈리아의 갈릴레이는 케플러의 책을 받아 보고 자신도 코페르니쿠스의 이론을 믿는다고 답장에서 밝혔다. 그러나 그 시대 대부분의 학자들은 코페르니쿠스의 이론을 행성들의 위치를 계산하는 데 쓰는 가설로 간주했을 뿐이다. 그것이 우주의 실제 운동이라고 믿은 사람은 케플러와 갈릴레이처럼 극소수였다.

그 당시 브라헤는 천문대를 갖고 있었으며, 거기에서 거의 20년 동안 행성들과 별들의 위치를 정밀하게 관측한 자료를 쌓아 두고 있었다. 1600년에 브라헤는 케플러를 고용해 관측 자료들을 정리하는 일을 맡겼다. 그리고 1601년 10월 말에 사망했다.

케플러는 행성의 운동을 설명하기 위해 온갖 종류의 모델을 만들었다. 그리고 길고 복잡한 계산을 이용해 그 모델들을 확인하고 증명하는 일에 5년 동안 매달렸다. 코페르니쿠스는 행성 궤도의 중심 가까이에 태양을 놓는 것에 그쳤지만, 케플러는 태양이야말로 행성을 움직이는 동력원이라고 간주했다. 그가 후기에 해 놓은 계산들을 보면, 태양의 중심을 기준으로 행성들의 궤도가 배치되어 있다.

요하네스 케플러

(1571~1630)

독일의 천문학자. 티코 브라헤의 정밀한 관측 결과를 바탕으로, 복잡한 계산과 검증을 거쳐 화성의 공전 궤도가 타원임을 밝혔다. 그것이 디딤돌이 되어, 행성 운행에 대한 세 가지 법칙을 발견했다. 케플러는 코페르니쿠스의 진정한 후계자였으며, 갈릴레오와 더불어 지동설을 대변하는 두 거장이었다.

몇 년에 걸친 치열한 노력을 기울인 끝에, 케플러는 마침내 돌파구를 찾았다. 화성의 궤도는 원이 아니라 타원이다! 이 중요한 발견 덕분에, 케플러는 오늘날에도 명성을 떨치고 있다. 그는 자신의 소중한 발견을 다룬 책을 1609년에 출판했다. 그 책의 제목은 『신천문학』이었다. 천체를 바라보는 그의 관점을 잘 표현한 제목이다.

그 해에 갈릴레이는 자신이 개량하여 만든 망원경으로 하늘을 관찰하기 시작했다. 그는 1610년 1월에 목성의 달들을 발견했다. 태양계의 축소판이 있었던 것이다. 1610년 말 무렵, 갈릴레오는 금성의 모습이 달과 마찬가지로 변하는 것을 발견했다. 코페르니쿠스가 주장한 것처럼, 금성이 태양의 둘레를 회전한다는 사실이 증명되었다.

그러나 『천체의 회전에 관하여』를 읽은 많은 독자들은 성경의 내용 때문에 걱정이 되었다. 시편 104장 5절에 따르면, 여호와께서 세상을 창조하실 때 "땅의 기초를 두사 영원히 요동치 않게" 하셨다고 되어 있다. 이 구절은 지구가 회전하며 움직인다는 코페르니쿠스의 이론과 어긋나지 않는가?

케플러는 『신천문학』의 머리글에서, 시편의 이 구절은 인류가 살아가기에 안정된 땅을 주려는 신의 의지를 말하는 것뿐이라고 했다. 이것이 천문학적인 설명은 아니라는 것이다.

여호수아 10장 12절에 따르면, 기브온과 전투를 치르는 여호수아가 "태양아, 너는 기브온 위에 머물라. 달아, 너도 아얄론 골짜기에 그리할지어다."라고 명령했다. 그러나 갈릴레이는 이런 성경 구절은 보통 사람들이 쉽게 이해할 수 있도록 평범한 용어로 씌어 있는 것이지 천문학서가 아니라고 충고했다. 코페르니쿠스의 이론을 믿는 천문학자들도 "해가 뜬다." 또는 "해가 진다."와 같은 말들을 일상적으로 사용한다. 그 누구도 "지구가 반 바퀴 돌았다." 또는 "지구가 이제 완전히 한 바퀴 돌았다."라고 말하지는 않는다. 갈릴레이는 "성경은 하늘나라에 어떻게 가느냐를 가르칠 뿐, 하늘나라가 어떻게 움직이느냐를 가르치지 않는다"고 주장했다.

역사상 성경을 글자 그대로 해석하려는 태도 때문에 일어난 사건은 한두 가지가 아니다. 코페르니쿠스 시대의 많은 사람들도 『천체의 회전에 관하여』에 들어 있는 혁명적이고 낯선 개념이 성경과 모순된다는 사실 때문에 갈등을 겪어야 했다. 물론 이 책에 들어 있는 오시안더의 서문을 받아들이면, 문제가 될 것은 없었다. 오시안더는 『천체의 회전에 관하여』에 나온 설명들이 그저 단순한 가설일 뿐이고, 가설은 반드시 참일 필요가 없다고 말했다. 그러나 케플러와 갈릴레이는 태양 중심의 체계가 우주의 실제 모습이라고 주장하기 시작했다. 지구가 실제로 24시간에 한 번 자전하며, 1년에 한 번 태양의 둘레를 공전한다는 것이다.

로마 성직자들은 이들의 주장이 교회에 대한 도전이며, 신앙심을 해칠 수 있다고 판단했다. 그래서 이 주장을 억누르기로 결정했다. 특히 별들의 천구 바로 너머에 천국이 있다는 개념이 위협받게 된 사실에 경악을 금치 못했다.

1616년에 로마 가톨릭 교회는 이단적인 내용을 담고 있는 책들을 금서 목록으로 발표했다. 물론 코페르니쿠스의 『천체의 회전에 관하여』도 포함되었다. 이제 가톨릭 신자들은『천체의 회전에 관하여』에 실린 내용 중 일부가 수정될 때까지 그 책을 읽을 수 없게 되었다.

마침내 1620년(청교도들이 매사추세츠의 플리머드에 정착한 해)에 로마 가톨릭 교회는 코페르니쿠스의 책에서 10개 항목을 수정해 발표했다. 수정된 항목은 거의 모두 태양 중심의 개념이 천문학적 가설에 불과함을 명백히 하려는 내용이었다.

코페르니쿠스가 "이렇게 광대하다니, 전지전능하신 창조주의 작품임이 의심할 여지가 없다!"고 감탄한 대목도 지워져 버렸다. 왜 이렇게 경건한 표현까지 지워 버렸을까? 그 이유는 이 문장이 마치 신이 태양 중심의 설계도에 맞춰 우주를 창조한 듯한 느낌을 주기 위해 의도적으로 들어간 것처럼 보였기 때문이다.

이탈리아에 있던 코페르니쿠스의 책들 중 약 3분의 2는 교황청의 칙령에 따라 고쳐졌다. 그러나 이탈리아가 아닌 곳에서는 칙령이 거의 아무런 영향도 끼치지 못했다. 로마 교황청은 코페르니쿠스의 책 외에도 1617년에 출판된 케플러의 『코페르니쿠스 천문학 발췌본』과 1632년에 출판된 갈릴레오의 『천동설과 지동설, 두 체계에 관한 대화』도 금서 목록에 올렸다.

코페르니쿠스와 갈릴레오, 그리고 케플러

체스터의 대주교 존 윌킨스가 저술한 책이다. 이 책은 영국 사람들이 코페르니쿠스의 태양계 체계를 이해하는 데 많은 도움을 주었다. 윌킨스는 지구가 하나의 행성이며, 달은 또 다른 세계라고 주장했다. 이 그림에서 코페르니쿠스는 태양 중심 체계의 모델을 들고 있고, 갈릴레오는 망원경을 들고 있다. 코페르니쿠스 이후 태양 중심 이론의 저서를 최초로 출판한 천문학자인 케플러가 갈릴레오의 어깨 너머로 지켜보고 있다.

그로부터 두 세대 후에, 영국의 뉴턴이 케플러와 갈릴레오의 통찰력을 결합해 새로운 물리학 개념을 창조했다. 그는 행성들을 그냥 내버려 두면 직선 방향으로 한없이 날아가야 하지만, 행성들은 '그냥 내버려 둔' 상태에 있지 않다고 주장했다. 왜냐하면 태양의 힘에 끌리기 때문이다. 이 힘은 중력이며, 사과가 땅으로 떨어지도록 만드는 바로 그 힘이기도 하다. 이런 내용을 담은 뉴턴의 위대한 저서 『프린키피아(자연 철학의 수학적 원리)』가 출판된 것은 1687년의 일이다.

뉴턴의 저서가 출판된 이후, 학식 있는 사람들은 점차 코페르니쿠스의 체계를 받아들이기 시작했다. 그리고 세월이 더 흐르자 『천체의 회전에 관하여』에 대한 금서 조치는 가톨릭 교회에게 부끄러운 일로 남게 되었다.

이 문제는 1820년에 다시 논란의 대상이 되었다. 한 가톨릭 천문학자가 코페르니쿠스의 이론에 대한 천문학 교재를 썼다. 그런데 고지식한 검열관이 그 책의 출판을 허락하지 않았다. 교황이 그 책의 출판을 허락하라고 명령했지만, 검열관은 코페르니쿠스의 책에 대한 금서 조치가 풀리지 않았기 때문에 안 된다고 고집을 부렸다. 결국 코페르니쿠스, 케플러, 갈릴레오의 책들은 1835년부터 금서 목록에서 제외되었다.

오늘날 코페르니쿠스는 과학 혁명의 아버지로 칭송받고 있다. 코페르니쿠스는 평생을 교회 성직자로 살았고, 부업으로 천문학을 했다. 하지만 그것은 어디까지나 표면적인 직업 구분일 뿐이다. 그가 출세에 대한 욕심을 버리고 폴란드의 한적한 마을로 들어가 30년이 넘는 세월 동안 무엇에 열정을 바쳤는지를 생각해 보라. 그는 비록 성직자의 옷을 입고 살았지만, 시대를 앞서간 진정한 과학자였다. 서양 세계는 코페르니쿠스의 등장 덕분에 프톨레마이오스와 아리스토텔레스의 이론에 사로잡혔던 1,500년의 오류에서 벗어날 수 있었다. 코페르니쿠스는 아무도 깨뜨리지 못했던 전통적인 우주관을 넘어 지구가 하나의 행성임을 밝혀낸 위대한 과학자이다.

1473년 2월 19일 폴란드의 토루인에서 태어남.

1483년 아버지가 사망함. 외삼촌 루카스 바첸로데가 그의 후견인이 되었으며, 1489년에 바첸로데는 바르미아의 대주교로 선출됨.

1491년 크라쿠프 대학에 등록함.

1493년 1492년에 인쇄된 『알폰소표』를 손에 넣고, 거기에 백지들을 덧붙여 천문학 관측을 기록하기 시작함.

1495년 학위를 받지 않은 채 크라쿠프 대학을 떠남.

1496년 볼로냐 대학에서 교회법을 공부하기 시작함. 폴란드 바르미아 참사회의 위원으로 임명됨.

1497년 볼로냐 대학의 천문학 교수 집에서 하숙함.

1500년 학위를 받지 않은 채 볼로냐 대학을 떠남. 몇 달간 로마에 머묾.

1501년 프롬보르크로 돌아옴. 2년 더 외국에서 공부해도 된다는 허락을 받음. 파도바 대학의 의학 과정에 등록함.

1503년 학위를 받지 않은 채 파도바 대학을 떠남. 페라라 대학에서 교회법 박사 학위를 받음. 바첸로데의 주치의로 임명되어, 리츠바르크의 성에서 기거하게 됨.

1507~1510년 이 무렵 프톨레마이오스의 천문학을 대신할 새로운 행성 운동 이론을 연구하기 시작함.

1509년	고대 그리스의 편지들을 라틴어로 번역한 책을 씀.
1510년	『짧은 해설서』를 완성함. 이 책에서 지구는 태양을 중심으로 회전하는 행성이라 주장했으며, 몇 부를 필사하여 친구들에게 전해 줌. 대주교의 곁을 떠나 프롬보르크로 돌아와 참사회 위원으로서 업무를 시작함.
1511~1513년	프롬보르크 참사회의 고문으로 선출되어 일을 함.
1515년	라틴어로 번역되어 새로이 출판된 프톨레마이오스의 『알마게스트』를 손에 넣음. 자신의 새로운 천문학 이론에 필요한 천문학 관측을 시작함.
1516~1521년	올츠틴에서 교회의 자산을 관리함. 소작농에게 토지의 임대료를 거두고 기타 잡무를 수행함.
1517년	은전의 주조에 관한 논문을 저술함.
1520~1521년	게르만 기사단의 침략에 대응해 바르미아의 여러 도시들을 방어하는 데 기여함.
1522년	왕립 프러시아 의회의 회의에 참석해 은전 주조에 관한 논문을 제시함.
1523년	9개월 동안 바르미아 대주교의 업무를 임시로 맡아 수행함.
1530년	프톨레마이오스의 천문학을 바로잡은 『천체의 회

전에 관하여』를 저술하기 시작함.

1533년　　　　　코페르니쿠스가 주장한 태양 중심의 새로운 천문

학 이론이 로마에 알려짐.

1539~1541년　　　레티쿠스가 코페르니쿠스를 방문해 유일한 제자

가 됨.

1540년　　　　　코페르니쿠스의 새로운 이론을 요약하고 설명한

『최초의 보고서』를 레티쿠스가 출판함.

1542년 5월　　　레티쿠스가『천체의 회전에 관하여』를 원고 상태

로 뉘렘베르크로 가져가 인쇄를 맡김.

1543년 3월　　　『천체의 회전에 관하여』가 책으로 완성됨.

1543년 5월 24일　갓 출판된『천체의 회전에 관하여』가 코페르니

쿠스에게 전해졌으며, 코페르니쿠스는 이 날 사

망함.

지동설과 코페르니쿠스

지은이 | 오언 깅그리치·제임스 맥라클란
옮긴이 | 이무현
초판 1쇄 발행 2006년 10월 31일

책임편집 | 장미향·나희영
객원교정 | 유윤한
디자인 | 최선영·남금란
마케팅 | 구본산·김한중

펴낸곳 | 바다출판사
펴낸이 | 김인호
주소 | 서울시 마포구 서교동 403-21 서홍빌딩 4층
전화 | 322-3885(편집부), 322-3575(마케팅부)
팩스 | 322-3858
E-mail | badabooks@dreamwiz.com
출판등록일 | 1996년 5월 8일
등록번호 | 제10-1288호

ISBN 89-5561-330-X 03400
ISBN 89-5561-062-9(세트)

Fig. 56
Fig. 57
Fig. 59
Fig. 60
Fig.
Fig. 90

Fig.103
Fig.111
Fig.112
pq-r7